Lambacher Schweizer 8

Mathematik für Gymnasien

Bayern

Arbeitsheft

herausgegeben von Matthias Janssen

erarbeitet von
Petra Hillebrand, Matthias Janssen, Klaus-Peter Jungmann, Karen Kaps,
Tanja Sawatzki, Uwe Schumacher, Colette Simon

Ernst Klett Verlag
Stuttgart · Leipzig

Liebe Schülerinnen und Schüler,

auf dieser Seite stellen wir euch euer Arbeitsheft für die 8. Klasse vor.

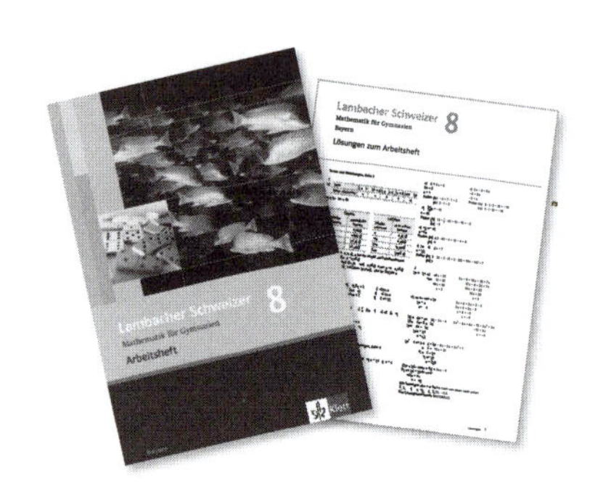

Die Kapitel und das Lösungsheft
In den einzelnen Kapiteln des Arbeitshefts werden alle Themen aus eurem Mathematikunterricht behandelt. Wir haben versucht, viele interessante und abwechslungsreiche Aufgaben zusammenzustellen, die beim Lernen weiterhelfen werden. Alle Lösungen zu den Aufgaben stehen im Lösungsheft, das in der Mitte eingeheftet ist und sich leicht herausnehmen lässt.

Training Grundwissen aus vorausgehenden Klassen
Wichtige Themen aus den vorausgehenden Klassen, die die Grundlage für Kapitel der Klasse 8 bilden, werden hier wiederholt und nochmals geübt. Diese Seiten könnt ihr zum Einstieg bearbeiten oder erst dann, wenn ihr merkt, dass ihr z. B. eine Auffrischung zu Termen und Gleichungen gut gebrauchen könnt.

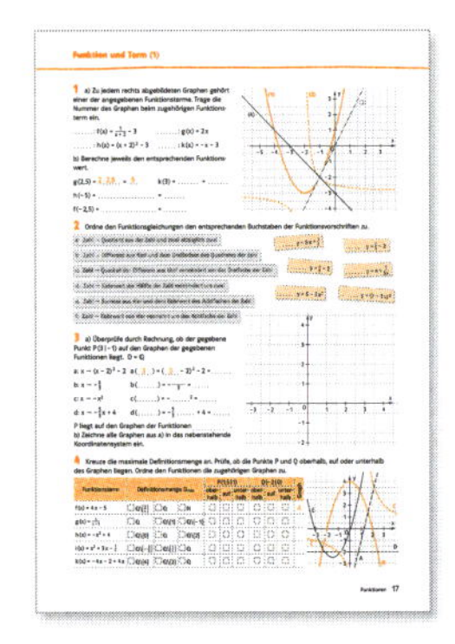

Verwendung des Taschenrechners
An geeigneter Stelle wurden Aufgaben für die Benutzung des elektronischen Taschenrechners konzipiert. Solche Aufgaben sind im Arbeitsheft mit einem Symbol gekennzeichnet. Darüber hinaus ist es bei vielen Aufgabenstellungen sinnvoll, einen Taschenrechner einzusetzen. Um euch jedoch einen eigenständigen Umgang mit diesem Hilfsmittel zu ermöglichen, wird nicht jedes Mal explizit auf diesen Einsatz verwiesen.

Übungsblätter
Zu allen wichtigen Bereichen der 8. Klasse findet ihr hier viele verschiedene Übungen. Damit ihr seht, wie eine Aufgabe gemeint ist, haben wir an einigen Stellen schon einen Aufgabenteil gelöst (orange Schreibschrift). Eure Antworten schreibt ihr auf die vorgegebenen Linien ______________ oder in die farbigen Kästchen.
Legt euch ein zusätzliches Blatt für Nebenrechnungen bereit.

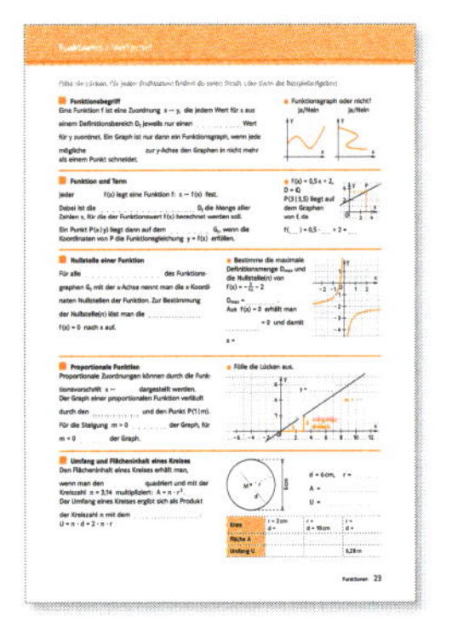

Merkzettel befinden sich am Ende von jedem Kapitel. Dort stehen alle wichtigen Regeln und Begriffe, die das Kapitel enthält. Um euch zu helfen, diese Begriffe leichter und auch dauerhaft zu merken, sollt ihr auch diese Blätter selbst bearbeiten und lösen.

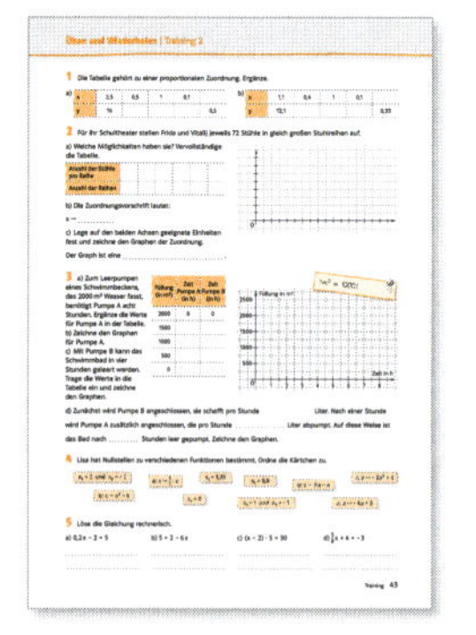

Training: Üben und Wiederholen
Die drei Trainingseinheiten im Heft wiederholen den neuen und auch den schon etwas älteren Stoff. Hier findet ihr Aufgaben zu allen davor liegenden Kapiteln.
Tipp: Schlagt in den Merkzetteln der vorigen Kapitel nach, wenn ihr auf ein Problem stoßt.

Der Wissensspeicher und das Register
Wisst ihr nicht, was ein Begriff bedeutet? Oder sucht ihr Übungen zu einem bestimmten Thema? Hier hilft das Register auf der letzten Seite. Alle mathematischen Begriffe der 8. Klasse könnt ihr dort nachschlagen. Von dort werdet ihr auf die Seite verwiesen, auf der ihr eine Erklärung des Begriffs findet.
Probiert es am besten gleich aus: Auf welcher Seite wird „Dreisatz“ erklärt? ______________

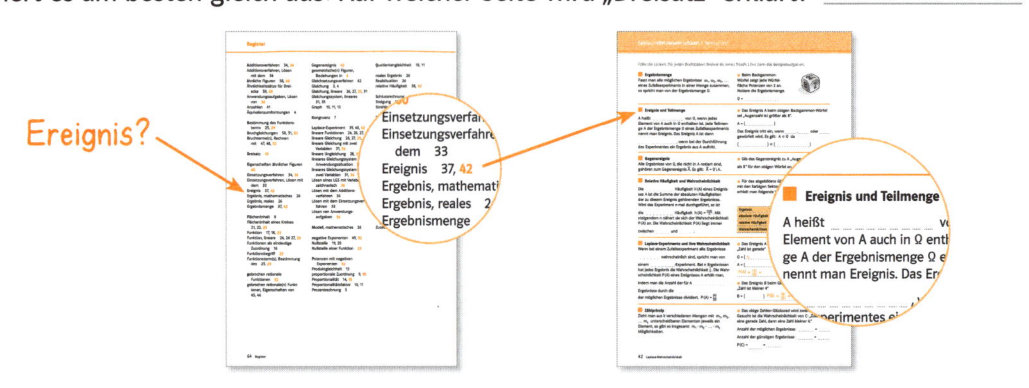

Nun kann es losgehen. Wir wünschen euch viel Spaß und Erfolg beim Lösen der Aufgaben.
Euer Autorenteam

1 a) Bestimme den Wert der folgenden Terme für die Variablenwerte $x = 2$ und $y = 3$.

Term	$2x - 3$	$-2x + y$	$2y - 3x$	$\frac{1}{2}x + y$	$10x - 2y$
Wert des Terms					

b) Gib nun einen Term mit den Variablen a und b an. Der Term soll für $a = 2$ und $b = 5$ den Wert 26 haben.

2 Samiras Mutter möchte einen neuen Handyvertrag abschließen. Sie vergleicht zwei Tarife. Da der SMS-Preis identisch ist und sie keine MMS verschicken möchte, vergleicht sie die anderen Telefonkosten.

OnlyMe
Monatliche Grundgebühr: 4,95 €
SMS: 0,20 €
MMS: 0,39 €
Minutenpreis Festnetz/Handy: 0,10 €

TelOnMe
Mindestumsatz im Monat: 9,95 €
SMS: 0,20 € MMS: 0,49 €
Minutenpreis Festnetz/Handy: 0,05 €

a) Fülle die Tabellen für die beiden Tarife aus.

OnlyMe	
Telefonmin.	monatliche Kosten
0	4,95 €
100	14,95 €
200	
300	

TelOnMe	
Telefonmin.	monatliche Kosten
0	
100	
200	
	29,95 €

b) Gib einen Term an, mit dem du für den Tarif „OnlyMe" die Kosten berechnen kannst.

c) Gib einen Term an, mit dem du für den Tarif „TelOnMe" die Kosten berechnen kannst.

d) Samiras Mutter schätzt, dass sie in der Regel 400 min im Monat telefoniert. Welcher Tarif ist günstiger?

3 Vereinfache den Term so weit wie möglich.

a) $4x - 2x + 6 - 3 =$

b) $-5z + 3{,}5 - 7{,}5z + (-1{,}5) =$

c) $3 \cdot z \cdot 4 + 8 =$

d) $5x - 7x + 9x - 3 - 2x =$

e) $4 \cdot (5x - 3) =$

f) $-2 \cdot (-4 + 7z) - 2z =$

g) $(3z + 7) \cdot (-2) =$

h) $2 \cdot (-4m + 8) - 7 \cdot (2 - 3m) =$
$=$

i) $24 - 3x - (2x + 2) =$

4 Klammere den angegebenen Faktor aus. Fasse, falls möglich, weiter zusammen.

a) $7 - 14n = 7 \cdot$

b) $\frac{3}{4} - \frac{x}{4} = \frac{1}{4} \cdot$

c) $\frac{4}{5}x - \frac{2}{5} = \frac{2}{5} \cdot$

d) $5x - 15 + 10x = 15 \cdot$

5 Multipliziere aus und fasse so weit wie möglich zusammen.

a) $(3 + x) \cdot (2x + 3)$

b) $(-3 - y) \cdot (-2y + 4)$

c) $(a^2 \cdot 4b \cdot 3 - b \cdot a) + a \cdot 7b^2$

1 Löse die Gleichungen im Kopf.

a) $11 - x = 4$ x = ____ b) $6 + x = 5$ x = ____ c) $x^2 = 25$ x = ____

d) $28 = 50\,\% \cdot x$ x = ____ e) $144 : x = 6$ x = ____ f) $2x + 6 = 18$ x = ____

2 Löse die Gleichung. Führe mit deinem Ergebnis eine Probe durch (linke Seite: ls, rechte Seite: rs).

a) $3x + 7 = 10 - 2x$ b) $-5 + 7x = 2x$ c) $2 \cdot (x - 3) = 5x$

Probe: (ls) ____ (ls) ____ (ls) ____

(rs) ____ (rs) ____ (rs) ____

d) $12 - \frac{1}{3}x = -3$ e) $0{,}2x - 4 = 8$ f) $7x - 3(5 + 2x) = 7$

Probe: (ls) ____ (ls) ____ (ls) ____

(rs) ____ (rs) ____ (rs) ____

3 Löse die Gleichungen. Multipliziere dabei zunächst alle Klammern aus und rechne dann im Heft weiter.
Notiere die zum Lösungsfeld gehörenden Buchstaben. ____

Gleichung	Gleichung nach dem Ausmultiplizieren	Lösung					
		R	A	M	T	O	D
$7(4x - 3) + 6(1 - 3x) = 35$		−2	2	5	0,5	3	1
$5x - 4(2 - 3x) = 22 + 7x$		5	−2	−3	12	3	2
$2(6 + 4x) = 5(2x + 4)$		4	9	3	−4	2	5
$3(x + 2) = 2(x + 1) - 5$		7	0	9	−8	−9	4
$5(5x - 12) = 4(2x - 8) - (3x + 4)$		1,2	4	3	7	0,5	1
$(x + 2)(3x - 6) = x(3x + 2)$		−6	3	1	−1	4	6
$(2x + 3)(x - 2) = (4 - x)(5 - 2x) + 1$		0,5	2,25	7	4	6	3
$13(4x + 2) = 18(10x + 7) + 9(6x - 1)$		7	4	−6	−1	3	−0,5

4 Verachtfacht man eine Zahl und subtrahiert davon zwölf, so erhält man das gleiche Ergebnis, wie wenn man die Zahl vervierfacht und acht addiert.

Gesucht: ____

Rechnung: ____

Antwort: ____

5 Pia ist vier Jahre jünger als ihre Schwester Lotte, der Bruder Fabian ist doppelt so alt wie Lotte. Zusammen sind alle 36 Jahre alt.

Gesucht: Alter von Pia: ____, Lotte: x, Fabian: ____

Rechnung: ____

Antwort: ____

1 Jeweils drei Kärtchen gehören zusammen. Färbe in einer Farbe.

$\frac{25}{100}$ | 40 % | 25 % | 0,40 | $\frac{1}{8}$ | $\frac{1}{3}$ | $0,\overline{3}$ | 0,125 | 12,5 % | 0,25 | 50 % | 0,5 | $\frac{4}{10}$ | $33,\overline{3}$ % | $\frac{1}{2}$

2 Zur Berechnung des Prozentwertes benutzt man die Grundgleichung $W = p\% \cdot G$.

a) Löse die Grundgleichung nach dem Grundwert auf. ______

b) Löse die Grundgleichung nach dem Prozentsatz auf. ______

3 Löse mit dem Dreisatz.

a) Familie Meier erhält 3 % Rabatt auf ihren Einkauf und zahlt deshalb 14,85 € weniger. Gesucht ist der ______.

3 % entsprechen 14,85 €.

1 % entspricht ______

______ entsprechen ______

b) Die Festplatte ist bereits zu 85 % belegt. Insgesamt kann man 68,8 GByte speichern. Gesucht ist der ______.

______ entsprechen 68,8 GByte.

1 % entspricht ______

______ entsprechen ______

c) Sabine erhält einen Rabatt von 397,80 €, der alte Preis betrug 2340,00 €. Gesucht ist der

______.

2340,00 € entsprechen ______

1 € entspricht ______

397,80 € entsprechen ______

4 Löse mit der Grundgleichung der Prozentrechnung. Notiere den Prozentsatz in der Rechnung auch als Dezimalbruch.

a) Die Miete wurde um 3 % erhöht, das ist eine Steigerung um 27,90 €. Gesucht ist der

Grundwert = ______

= ______ = ______ = ______

b) Die Reise kostet normal 595 €, mit dem Frühbucherrabatt spart man 12 %. Gesucht ist der

Prozentwert = ______

= ______ = ______ = ______

c) Lisa hat 300 € gespart. Nach einem Jahr hat sie 312 € auf dem Sparbuch. Gesucht ist der

Prozentsatz = ______

= ______ = ______ = ______ %

5 Entscheide dich für einen möglichen Lösungsweg (Dreisatz Dr, Grundgleichung Gr), kreuze diesen an.

a) Klaus besitzt 2500 €. Damit er sich die Couchgarnitur leisten kann, fehlen Klaus noch 8 % des Kaufpreises. Wie viel Geld muss er noch sparen? ☐ Dr ☐ Gr

b) Willi erhält auf den Preis von 1500 € einen Rabatt von 255 €. Wie viel Prozent hat er gespart? ☐ Dr ☐ Gr

c) Herr Glück hat sich einen Gebrauchtwagen gekauft. Durch Verhandlungen hat er einen Preisnachlass von 4 % erhalten, das waren 200 €. Wie viel hat der Wagen vorher gekostet? ☐ Dr ☐ Gr

1 Bestimme die Winkelgrößen.

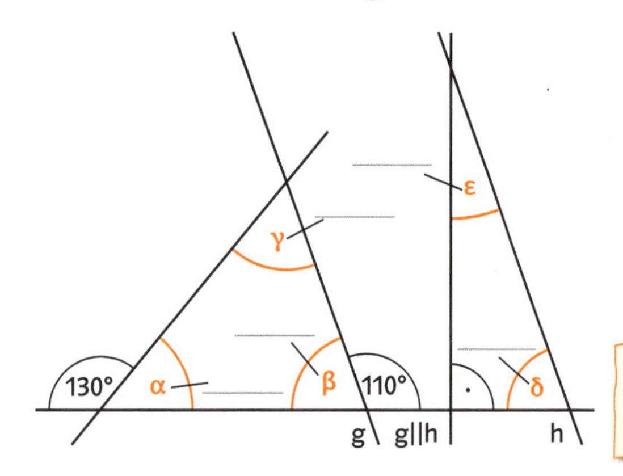

Nebenwinkel ergeben zusammen 180°.

Scheitelwinkel sind gleich groß.

2 Wie groß sind die vier Winkel α, β, γ und δ?

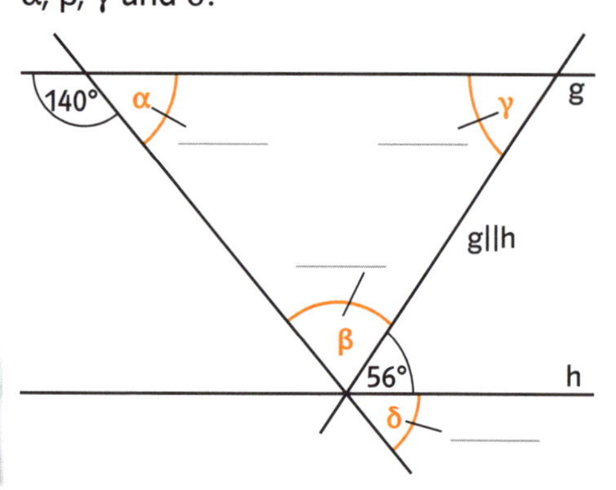

Jeder Punkt der Mittelsenkrechten einer Strecke hat die gleiche Entfernung zu den Endpunkten der Strecke.

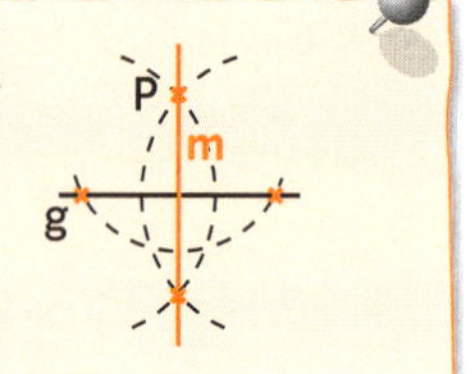

Jeder Punkt der Winkelhalbierenden eines Winkels hat den gleichen Abstand zu den Schenkeln des Winkels.

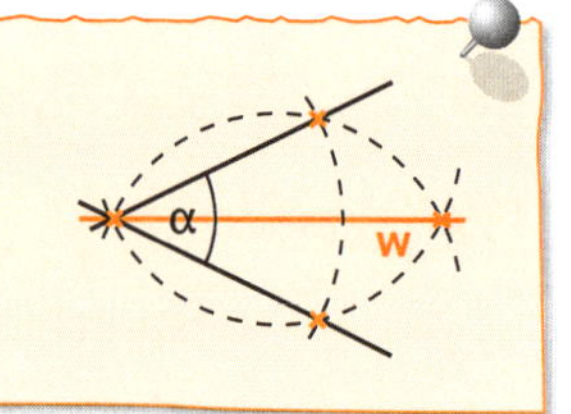

3 Gesucht ist der Punkt, der von der Geraden AB und der Geraden BC den gleichen Abstand hat sowie von den Punkten A und C gleich weit entfernt ist. Bestimme den gesuchten Punkt zeichnerisch.

C

A

B

4 Konstruiere den Mittelpunkt des Flugzeugumkreises. Denke an den Umkreismittelpunkt eines Dreiecks.

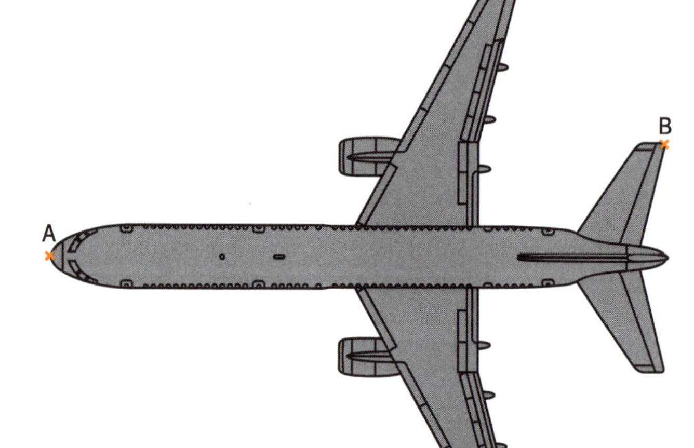

5 Bestimme die vier Winkelgrößen und schreibe sie in die Zeichnung.

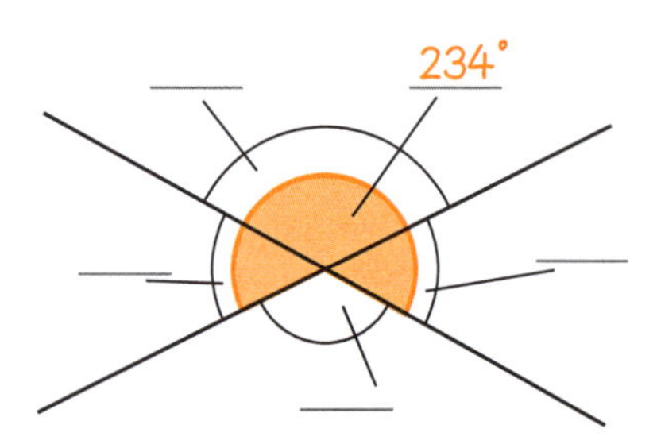

6 a) Wie groß ist die Winkelsumme in einem Sechseck? ________

b) Wie viele Ecken besitzt ein Vieleck mit einer Winkelsumme von 900°? ________

c) Wie groß wird die Winkelsumme, wenn zwei Ecken hinzukommen? ________

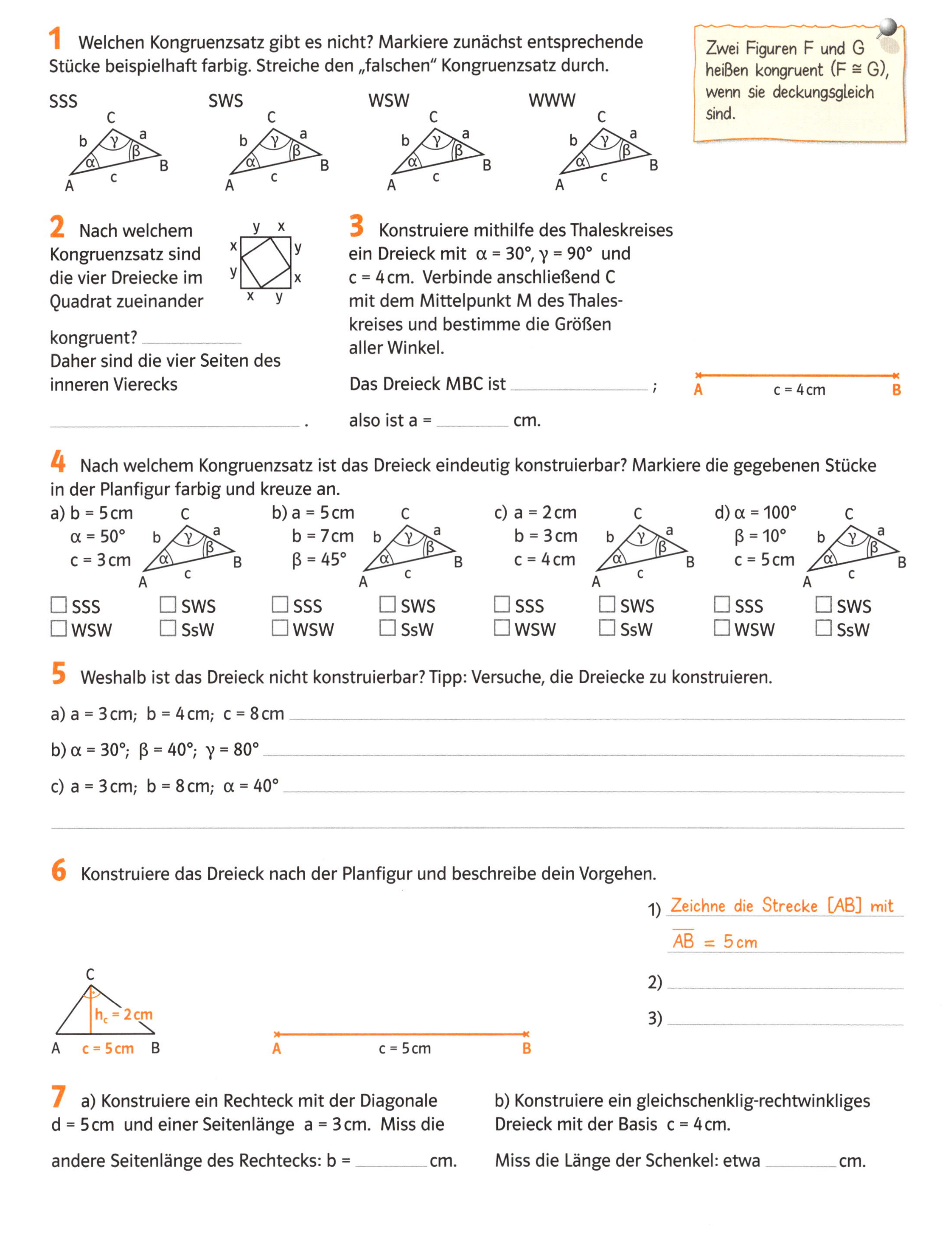

> Zwei Figuren F und G heißen kongruent ($F \cong G$), wenn sie deckungsgleich sind.

1 Welchen Kongruenzsatz gibt es nicht? Markiere zunächst entsprechende Stücke beispielhaft farbig. Streiche den „falschen" Kongruenzsatz durch.

SSS SWS WSW WWW

2 Nach welchem Kongruenzsatz sind die vier Dreiecke im Quadrat zueinander kongruent? ____________

Daher sind die vier Seiten des inneren Vierecks ______________________ .

3 Konstruiere mithilfe des Thaleskreises ein Dreieck mit $\alpha = 30°$, $\gamma = 90°$ und $c = 4\,cm$. Verbinde anschließend C mit dem Mittelpunkt M des Thaleskreises und bestimme die Größen aller Winkel.

Das Dreieck MBC ist ______________ ;

also ist a = ________ cm.

A c = 4 cm B

4 Nach welchem Kongruenzsatz ist das Dreieck eindeutig konstruierbar? Markiere die gegebenen Stücke in der Planfigur farbig und kreuze an.

a) $b = 5\,cm$, $\alpha = 50°$, $c = 3\,cm$
☐ SSS ☐ SWS ☐ WSW ☐ SsW

b) $a = 5\,cm$, $b = 7\,cm$, $\beta = 45°$
☐ SSS ☐ SWS ☐ WSW ☐ SsW

c) $a = 2\,cm$, $b = 3\,cm$, $c = 4\,cm$
☐ SSS ☐ SWS ☐ WSW ☐ SsW

d) $\alpha = 100°$, $\beta = 10°$, $c = 5\,cm$
☐ SSS ☐ SWS ☐ WSW ☐ SsW

5 Weshalb ist das Dreieck nicht konstruierbar? Tipp: Versuche, die Dreiecke zu konstruieren.

a) $a = 3\,cm$; $b = 4\,cm$; $c = 8\,cm$ ______________________

b) $\alpha = 30°$; $\beta = 40°$; $\gamma = 80°$ ______________________

c) $a = 3\,cm$; $b = 8\,cm$; $\alpha = 40°$ ______________________

6 Konstruiere das Dreieck nach der Planfigur und beschreibe dein Vorgehen.

C $h_c = 2\,cm$ A $c = 5\,cm$ B

A c = 5 cm B

1) Zeichne die Strecke [AB] mit $\overline{AB} = 5\,cm$

2) ______________________

3) ______________________

7 a) Konstruiere ein Rechteck mit der Diagonale $d = 5\,cm$ und einer Seitenlänge $a = 3\,cm$. Miss die andere Seitenlänge des Rechtecks: b = ________ cm.

b) Konstruiere ein gleichschenklig-rechtwinkliges Dreieck mit der Basis $c = 4\,cm$. Miss die Länge der Schenkel: etwa ________ cm.

1 Berechne die fehlenden Größen des Rechtecks.

	a)	b)	c)	d)
Länge a	5 cm	2,3 dm		85 mm
Breite b	3 cm	3 dm	15 m	
Flächeninhalt A				34 cm²
Umfang U			54 m	

$A = a \cdot b$
$U = 2 \cdot (a + b)$

Längen	Flächen
1 cm = 10 mm	1 cm² = 100 mm²
1 dm = 10 cm	1 dm² = 100 cm²
1 m = 10 dm	1 m² = 100 dm²
1 km = 1000 m	1 a = 100 m²
	1 ha = 100 a
	1 km² = 100 ha

2 a) Berechne den Flächeninhalt und den Umfang der Figuren und trage den Namen der Figur ein.

Figuren	3 cm; 3 cm	3 cm; 4 cm; 5 cm	6,7 cm; 7,8 cm; 6 cm; 8 cm	4 cm; 3,2 cm; 3 cm; 3,2 cm; 4 cm	5 cm; 6,7 cm; 3 cm; 4 cm; 6 cm; 3 cm; 5 cm; 6,7 cm	3 cm; 5 cm; 4 cm; 4,5 cm; 8 cm
Flächeninhalt						
Umfang						
Name der Figur						

b) Welche der Figuren sind achsensymmetrisch, welche punktsymmetrisch? Zeichne vorhandene Symmetrieachsen und Symmetriezentren ein.

3 Im Bild rechts siehst du ein Rechteck mit den Seitenlängen a und b. In die Teilfiguren ist der Flächeninhalt eingetragen. Berechne den Flächeninhalt des eingefärbten Parallelogramms Ⓐ und den des Trapezes Ⓑ. Bestimme dazu die für die Berechnung notwendigen Längen.

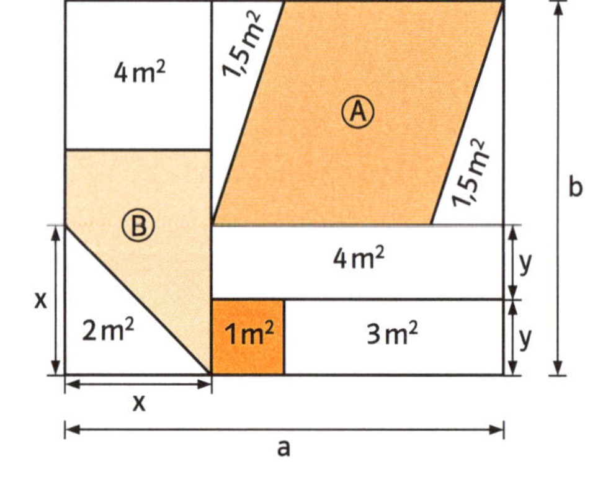

a) Das orange Quadrat hat die Seitenlänge ____ m.

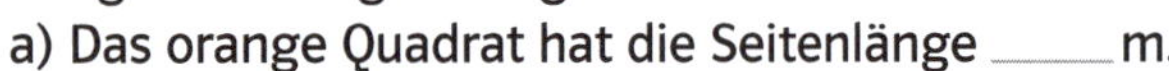

b) y = ____ m, x = ____ m

c) Schließe nun auf a (= ____ m) und b (= ____ m).

d) Flächeninhalt Parallelogramm Ⓐ: ____ m²

e) Flächeninhalt Trapez Ⓑ: ____ m²

f) Flächeninhalt Rechteck: a · b = ____ m²

4 Berechne das Volumen und die Oberfläche des Quaders.

O = ____________

V = ____________

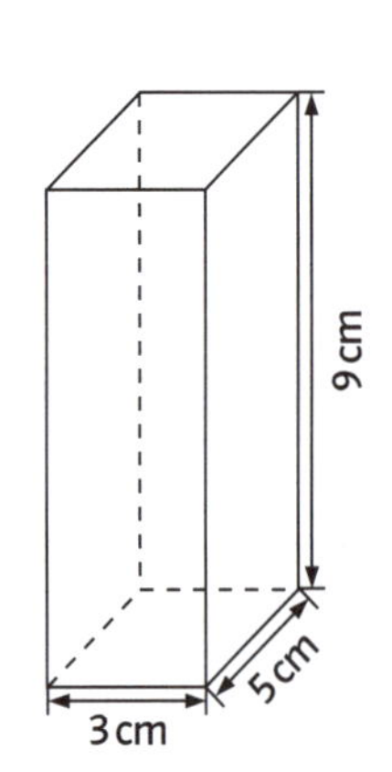

5 Berechne das Volumen des Körpers.

____

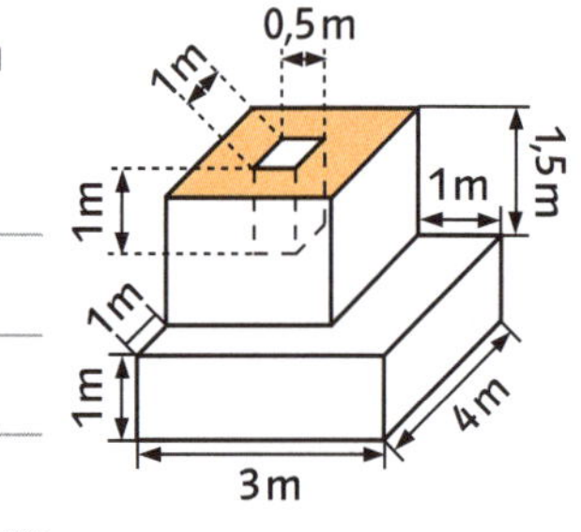

1 Wähle einen geeigneten Zwischenschritt für die Berechnung.

a)

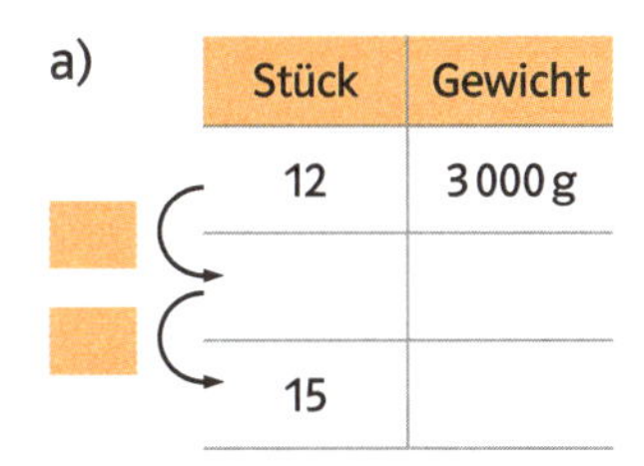

Stück	Gewicht
12	3000 g
15	

b)

Fläche	Preis
105 m^2	577,50 €
75 m^2	

2 Die Tabelle gehört zu einer proportionalen Zuordnung. Ergänze.

a)

x	0,8	0,4	1	0,1	
y	16				6

b)

x	0,25	1,25	1		
y	0,7			0,49	4,2

3 Das Befüllen eines 16-l-Gefäßes aus einer Leitung dauert 2 Minuten. Aus derselben Leitung wird ein 10-l-Gefäß gefüllt. Wie lange dauert es?

a) Löse mithilfe des Dreisatzes. Wähle dabei einen geeigneten Zwischenschritt.

1. Schritt: Das Befüllen eines 16-l-Gefäßes dauert ________

Zwischenschritt: Beim ____ -Gefäß dauert es ________

3. Schritt: Beim 10-l-Gefäß ________

b) Löse mit einer Gleichung.

1. Schritt: t bedeutet die Zeit, in der das ____ -l-Gefäß gefüllt wird.

2. Schritt: Aufstellen der Gleichung: $\frac{t}{\quad}$ ________

3. Schritt: t = ________

4 Ein PKW verbraucht 8,2 l Benzin auf einer Strecke von 100 km. Ein Liter Benzin kostet 1,61 €.

a) Fülle die Tabelle aus. Runde die Kosten.

Strecke	50 km	300 km	450 km	
Benzinverbrauch				41 l
Kosten				

b) Reicht eine Tankfüllung von 55 l für eine Strecke von 650 km? Begründe.

____

____

c) Ein anderes Auto verbraucht nur 4,2 l Benzin.

Strecke	50 km	300 km	450 km	
Benzinverbrauch				41 l
Kosten				

d) Um wie viel € unterscheiden sich die Kosten bei den beiden Autos bei einer Strecke von 6000 km?

____

____

5 Die Tabellen stellen proportionale Zuordnungen dar, aber in den unteren Tabellenzeilen haben sich jeweils zwei Fehler eingeschlichen. Finde und verbessere sie mithilfe der Lösungskärtchen.

a)

Nachhilfe in h	1	3	6	10
Preis in €	6	18	30	62

b)

Anzahl Bleistifte	4	6	8	12
Preis in €	1,5	1,8	2,5	3,6

c)

Weg in km	6	10	15	18
Zeit in min	15	25	40	50

d)

x	2,2	11	15,4	19,8
y	6,6	33	46	59,8

e)

x	6	10	15	20
y	1,08	1,8	2,1	3,78

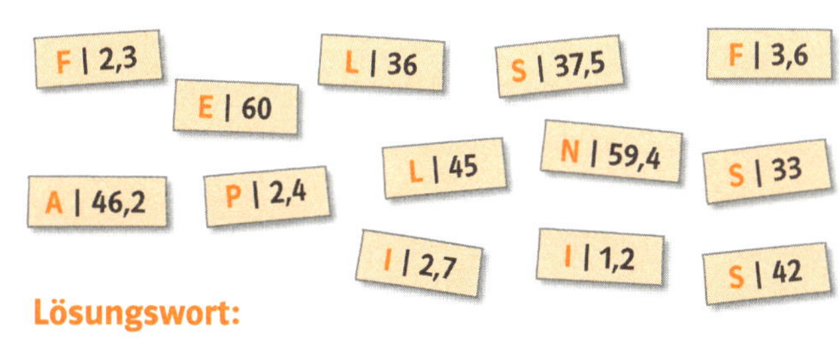

Lösungswort:

_ _ _ _ _ _ _ _ _ _ (Rückwärts lesen!)

6 Ist die Zuordnung *Alter eines Menschen* ↦ *Körpergröße* proportional? Begründe deine Antwort.

____

____

1 Welche Graphen stellen proportionale Zuordnungen dar? Begründe deine Entscheidungen.

A

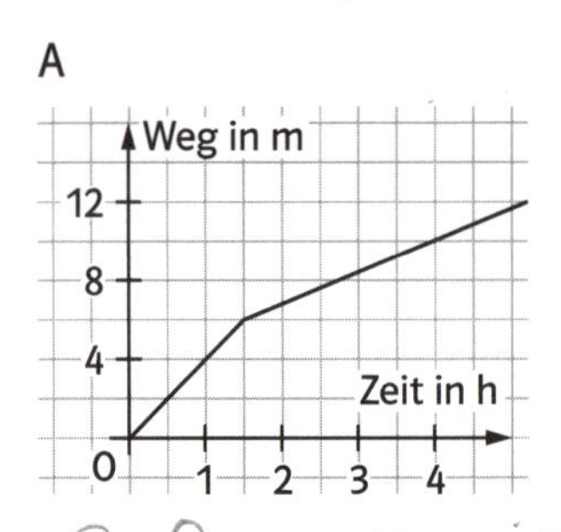

B

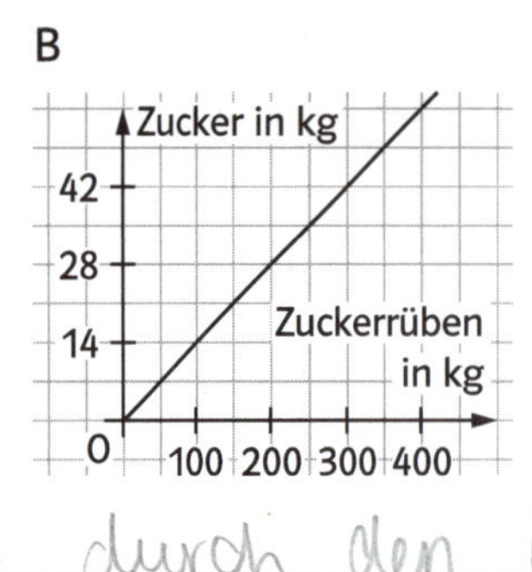

C

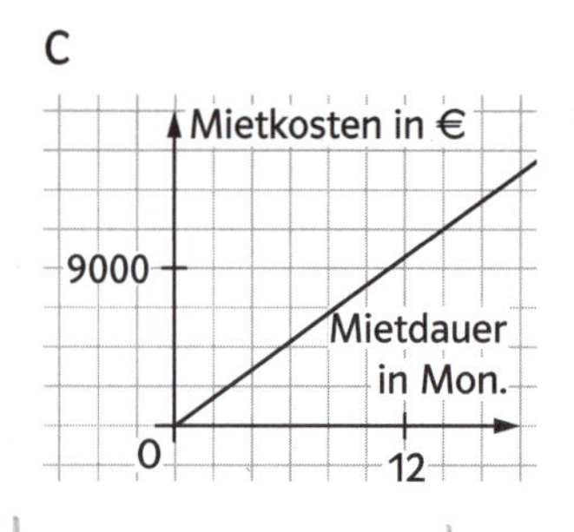

D

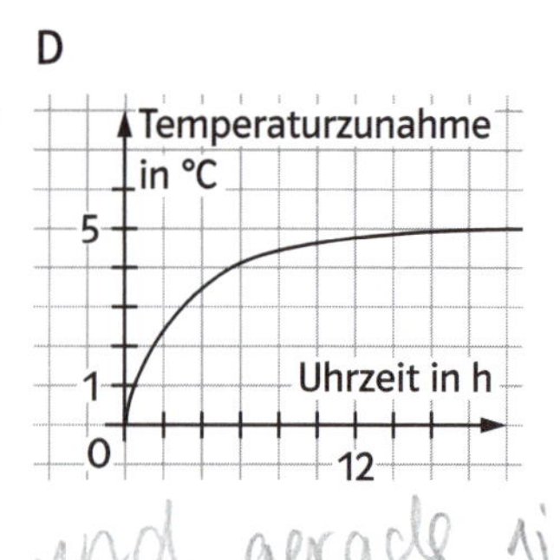

richtig B; C; weil sie durch den Ursprung gehen und gerade sind

2 Frau Eilig fährt auf der Autobahn mit einer durchschnittlichen Geschwindigkeit von 114 km/h.

a) Wie weit kommt sie in 10 Minuten?

≈ 19 km

b) Wie viele Meter legt sie in einer Sekunde zurück?

≈ 32 m

c) Welcher der Graphen stellt Frau Eiligs Fahrt dar?

B

d) Bestimme den Wert des Quotienten $\frac{s}{t}$ für alle drei Graphen an den Stellen $t = 1$ und $t = 2$.

	t = 1	t = 2
A	50	50
B	114	114
C	200	137,5

e) Was fällt dir bei den Ergebnissen aus Teilaufgabe d) auf?

C ist nicht proportional

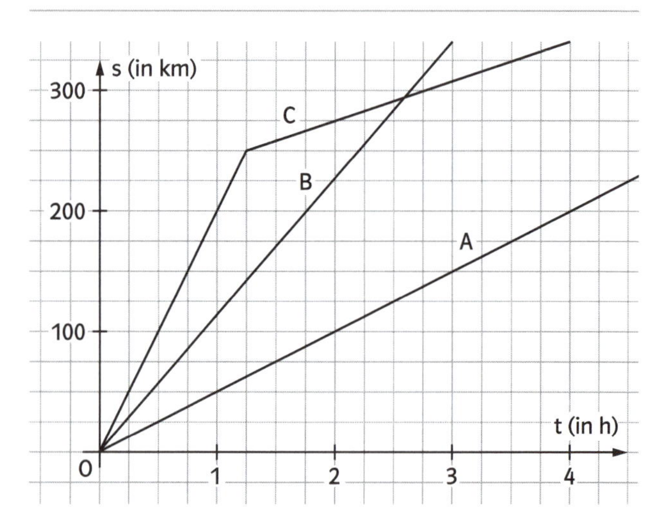

3 Jan möchte in den Urlaub nach Dänemark fahren und tauscht bei der Bank 40 € um. Dafür bekommt er 300 DKK (Dänische Kronen). Damit er schneller umrechnen kann, legt er sich einen Graphen an. Berechne die fehlenden Angaben in der Wertetabelle und zeichne den Graphen dazu.

€	40	5	15	25
DKK	300	37,5	112,5	187,5

€	40	13,33	53,33	73,33
DKK	300	100	400	550

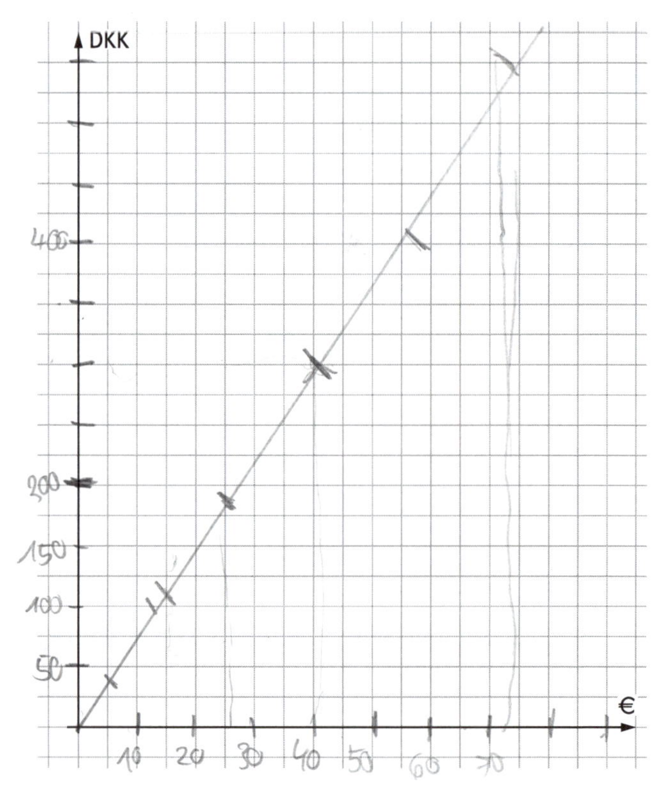

1 In den USA wird die Geschwindigkeit mit Meilen pro Stunde (mph) angegeben; 80 km/h entsprechen ungefähr 50 mph. Wie schnell darf man fahren (in km/h), wenn das Schild 25, 55 oder 70 mph vorschreibt? Fülle zuerst die Wertetabelle aus und zeichne den passenden Graphen.

km/h	mph
40	25
80	50
88	55
112	70
140	87,5

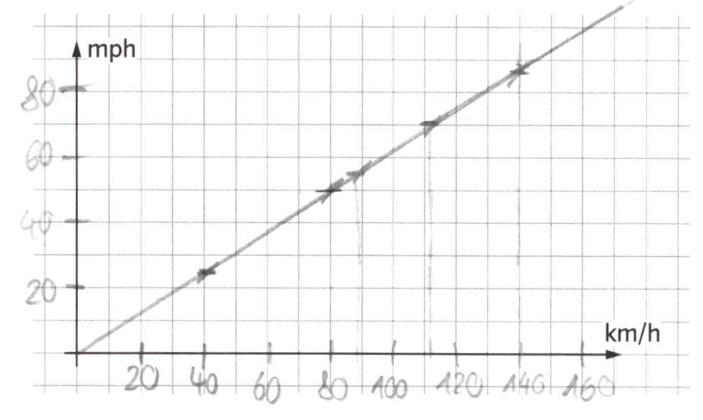

2 Jessica und Zuhal planen eine Wanderung. Auf ihrer Wanderkarte mit dem Maßstab 1 : 50 000 messen sie eine Entfernung vom Startpunkt zum Endpunkt der Wanderung von 15,6 cm.

a) Fülle die Lücken in der Tabelle aus.

Streckenlänge auf der Karte (in cm)	1	2,5	15,6	17,5	19
Streckenlänge in Wirklichkeit (in m)	500	1250	7800	8750	9500

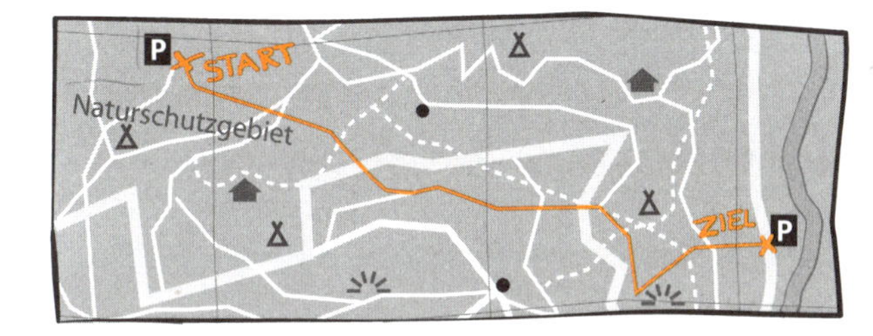

b) Der Proportionalitätsfaktor lautet p = 500 .

c) Was bedeutet p in diesem Fall? Dass 1cm auf der Karte 500m in der Wirklichkeit sind

d) Schaffen Jessica und Zuhal ihre Wanderstrecke bei einer Durchschnittsgeschwindigkeit von 3,7 km/h in zwei Stunden? Nein, sie schaffen die Strecke nicht.

3 Ein Echolot sendet Ultraschallwellen aus, die am Meeresboden reflektiert und von einem Empfänger wieder registriert werden. Aus dem Zeitunterschied zwischen Senden und Empfangen kann man die Meerestiefe bestimmen. Die Schallgeschwindigkeit in Wasser beträgt dabei etwa 1480 Meter pro Sekunde (m/s).

a) Fülle die Wertetabelle aus. x steht für die gemessene Zeit in Sekunden, y für die dazugehörige Meerestiefe in Metern.

x	1	2	0,1	0,2	0,3	11,5
y	740	1480	74	148	222	8510

b) Zeichne einen Graphen für Messzeiten zwischen 0 und 3,4 s.

c) Welche Meerestiefe kannst du am Graphen ablesen, wenn vom Echolot 1,5 s gemessen wird?

1110m

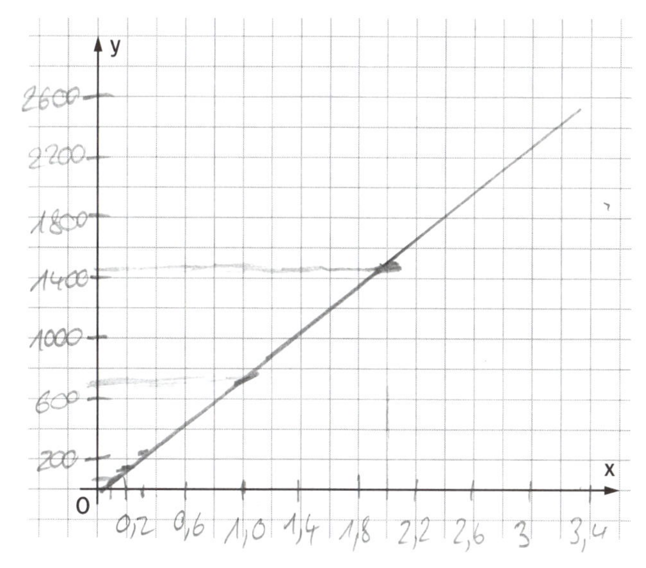

Umgekehrt proportionale Zuordnungen

1 Die Goethe-Schule will ihre Klassenräume neu streichen lassen.
Berechne die fehlenden Angaben in der Tabelle und verdeutliche deine Rechnungen mit Pfeilen.

Anzahl der Maler	2	3	4	6	12
benötigte Arbeitszeit (in Tagen)	12	8	6	4	2

·2

:2

2 Aus einem Baumstamm werden im Sägewerk 12 Bretter von 4,5 cm Dicke gesägt. Wie viele Bretter von 2,7 cm Dicke hätten aus dem Baumstamm geschnitten werden können?

a) Löse mithilfe des Dreisatzes.

1. Schritt: Bei 4,5 cm Dicke erhält man 12 Bretter.

Zwischenschritt: Bei 1cm Dicke erhält man 54 Bretter.

3. Schritt: Bei 2,7 cm Dicke erhält man also 20 Bretter.

b) Löse mit einer Gleichung.

1. Schritt: n ist die Anzahl der Bretter, wenn diese ______ cm dick sind.

2. Schritt: Aufstellen der Gleichung:

3. Schritt: Ausrechnen n =

3 Vervollständige die Tabellen der umgekehrt proportionalen Zuordnungen. Die Kärtchen mit den richtigen Lösungen ergeben in der Reihenfolge ein Lösungswort.

Anzahl der Spieler	2		4	6		9
Anzahl der Karten	36	24		12	9	

Geschwindigkeit (in km/h)			12	18	20	24
Zeit für bestimmte Wegstrecke (in h)	30	20	10		6	

Teilnehmerzahl beim Zeltlager		20		50	60	80
Lebensmittel reichen … Tage	84	42	28		14	

A | 7 — N | $10\frac{1}{2}$ — S | 3 — B | $6\frac{2}{3}$ — L | 5 — E | 4 — M | 30 — T | $6\frac{1}{3}$ — O | 18 — I | 21 — C | 20 — E | $16\frac{4}{5}$ — N | 8 — U | 10 — N | 6 — N | 8

Lösungswort: _ _ _ _ _ _ _ _ _ _ _ _

4 a) Ein Rechteck soll den Umfang 16 cm haben. Fülle die Tabelle aus.

Länge (in cm)	1	2	3	4	5	6	7
Breite (in cm)							

b) Ist die Breite umgekehrt proportional zur Länge?

Begründe deine Antwort. ______

5 Die beiden Tabellen gehören jeweils zu einer umgekehrt proportionalen Zuordnung. Finde die beiden Fehler (in jeder Tabelle einen) und korrigiere sie.

a)

x	3	9	12	18	22
y	12	4	3	2	1,5

b)

x	5	10	15	20	45
y	3,6	1,8	1,2	0,8	0,4

1 a) Ergänze zur abgebildeten Hyperbel die y-Werte in der Wertetabelle bei Teilaufgabe b). Lies die gesuchten y-Werte am Graphen ab.

b) Berechne jeweils $x \cdot y$. Der Punkt (1,5 | 1,2) liegt auf der Hyperbel, d.h., der exakte Wert für $x \cdot y$ lautet: $x \cdot y =$ ____________ . Verbessere gegebenenfalls deine abgelesenen Werte für y.

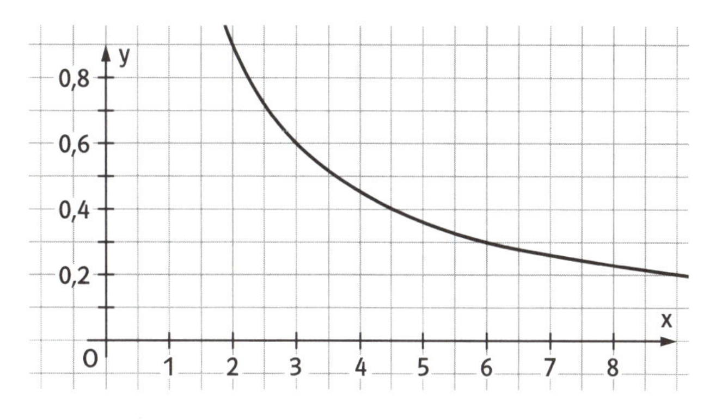

x	2	3	4	5	6	7	8
y							
x · y							
verbesserter Wert für y							

2 Eine Zuordnungsvorschrift, eine Wertetabelle und ein Graph gehören jeweils zusammen.

a) Vervollständige die Tabellen.

A

x	0,5	2	0,1	20
y		0,25		

B

x	0,5	2	0,1	20
y		0,5		

C

x	0,5	2	0,1	20
y		5		

D

x	0,5	2	0,1	20
y	8			

b) Ordne zu und ergänze die fehlende Zuordnungsvorschrift.

$x \mapsto \frac{1}{x}$; Tabelle: ______ ; Graph ______

$x \mapsto \frac{1}{2x}$; Tabelle: ______ ; Graph ______

$x \mapsto \frac{4}{x}$; Tabelle: ______ ; Graph ______

$x \mapsto$ ______ ; Tabelle: ______ ; Graph ______

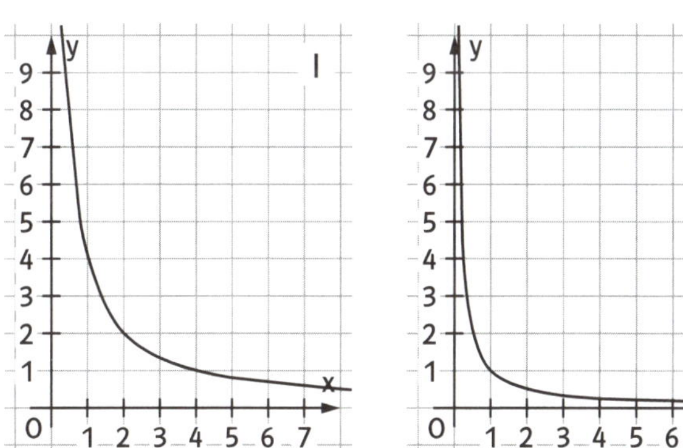

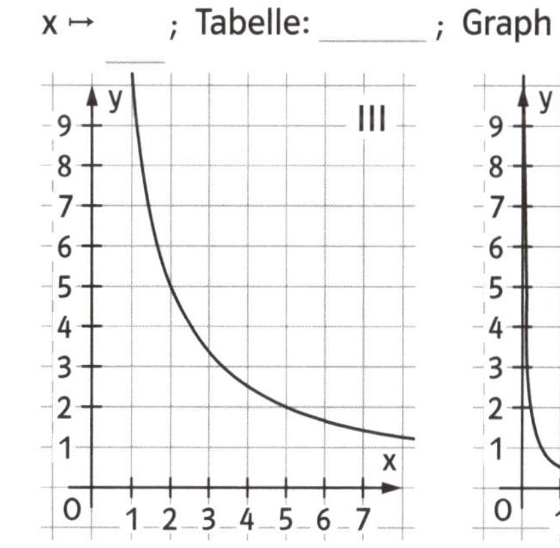

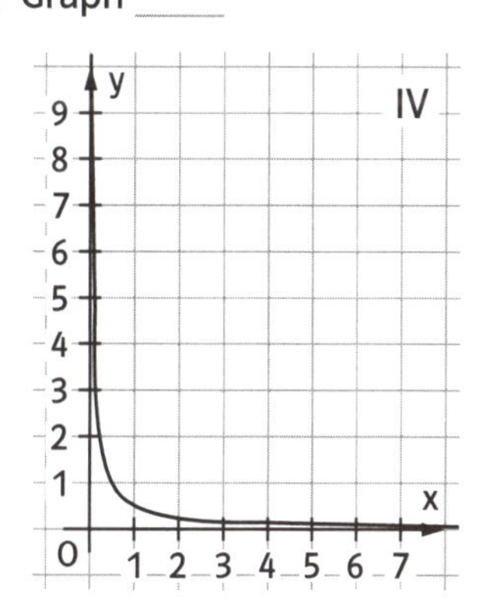

3 Die Cessna 172, ein Sportflugzeug, erreicht bei Windstille eine Reisegeschwindigkeit von 100 Knoten (1 Knoten ≈ 1,850 km/h) und verbraucht dabei 35 Liter Treibstoff pro Stunde.

a) In einer Stunde legt der Flieger ______ km zurück, in zwei Stunden ______ km. Es handelt sich um eine ______________ Zuordnung, sie ist ______________ gleich.

b) Die Tabelle gibt an, wie oft die Cessna 172 vom Startflughafen aus die Einzelstrecken zu den Orten St. Marie, Siefurt und Seeburg bei vollständigem Verbrauch einer Tankfüllung zurücklegen könnte. Fülle die Lücken aus.

Stadt	St. Marie	Siefurt	Seeburg
Entfernung zum Startflughafen in km	258		430
Anzahl der Einzelstrecken	5	7	

c) Wie viel Liter Treibstoff passen mindestens in den Tank der Cessna? ______________________

1 Berechne die fehlenden Werte und zeichne den jeweiligen Graphen dazu.

a) Preise für Eintrittskarten

Anzahl Karten	3	1	4	6
Preis in €	12,90			

b) Gewinnausschüttung bei einem Gesamtgewinn von 180 €

Anzahl Gewinner	3	1	4	6
Gewinn pro Gewinner in €	60			

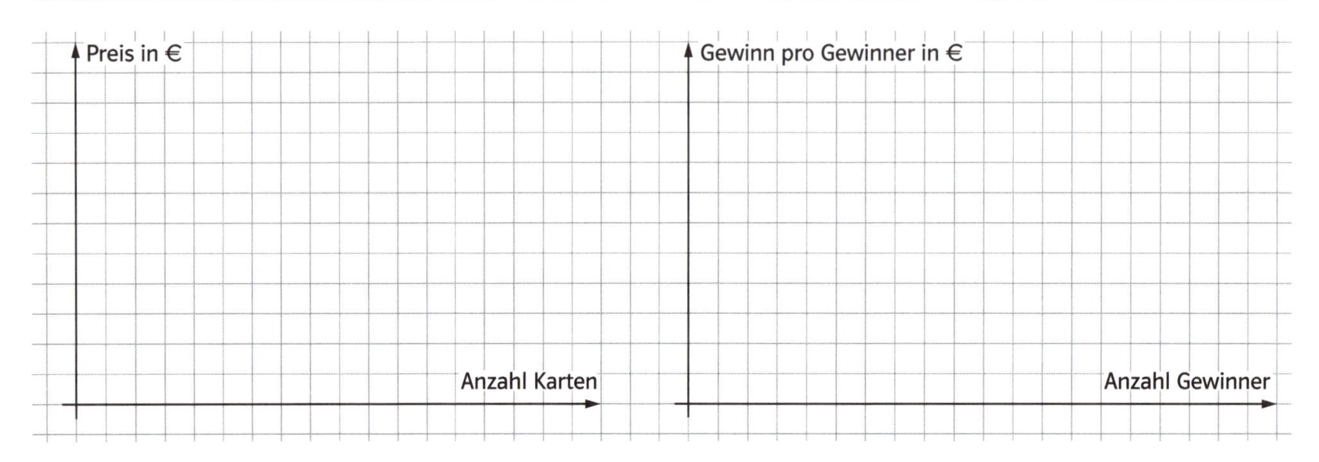

Hierbei handelt es sich um eine ______________________ Zuordnung.

Zuordnungsvorschrift: ______________________

Hierbei handelt es sich um eine ______________________ Zuordnung.

Zuordnungsvorschrift: ______________________

2 Um die Qualität einer Dämmung von Gebäuden festzustellen, wird der Wärmedurchgangskoeffizient U bestimmt. Der U-Wert gibt an, wie viel Wärme z. B. durch eine Wand ins Freie abgegeben wird. Ein hoher U-Wert bedeutet eine schlecht gedämmte Wand mit einem hohen Wärmeverlust und entsprechend hohen Heizkosten. Alte Häuser können von außen nachgedämmt werden, das ist oft ökologisch sinnvoll. Wie sich die Verbesserung in Abhängigkeit von der Dicke eines Dämmmaterials verhält, zeigt der Graph.

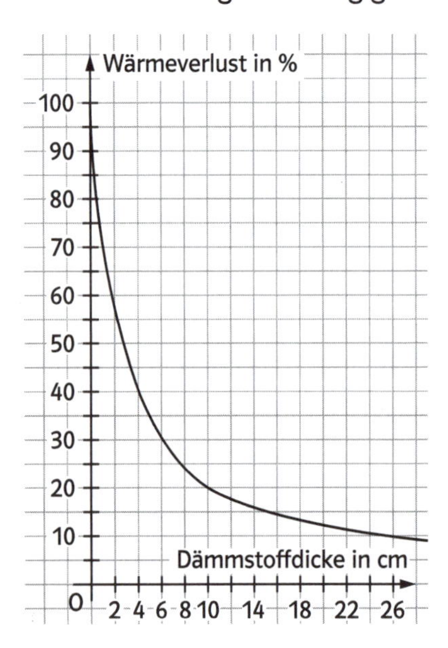

a) Eine Dämmstoffdicke von 4 cm reduziert den Wärmeverlust durch die Wand um etwa ______ %.

b) Welche Dämmstoffdicken bringen besonders gute U-Wert-Verbesserungen? ______________________

c) Man weiß, dass sich der U-Wert (der Wärmeverlust) näherungsweise umgekehrt proportional zur Dämmstoffdicke verhält. Das heißt, dass man bei bestehender Dämmung für eine Halbierung des Wärmeverlustes eine Dämmstoffdicke braucht, die etwa ______________ so dick ist.

d) Wenn die bestehende Dämmung schon 10 cm dick ist, bringt eine Zusatzdämmung von 10 cm eine Energieersparnis von etwa ______ %. Die Einsparung beträgt bei dieser Zusatzdämmung jedoch etwa ______ %, wenn eine nur 5 cm dicke Dämmung vorhanden ist. Das bedeutet, dass der Aufwand für die gleiche Zusatzdämmung nicht immer wirtschaftlich sinnvoll ist. Dies hängt vom bestehenden Gebäude ab.

Fülle die Lücken. Für jeden Buchstaben findest du einen Strich. Schlage in deinem Buch nach, wenn du dir nicht sicher bist. Löse dann die Beispielaufgaben.

Proportionale Zuordnung

Eine Zuordnung $x \mapsto y$ heißt proportional, wenn dem Zweifachen, dem Drei-, Vier-, …fachen einer Größe x auch das

_ _ _ _ _ _, Drei-, Vier-, …fache der Größe y zugeordnet ist.

Der Quotient $q = \frac{y}{x}$ heißt

_ .

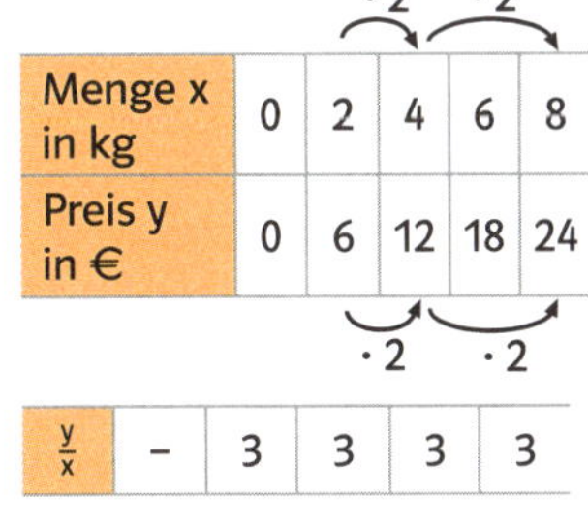

Menge x in kg	0	2	4	6	8
Preis y in €	0	6	12	18	24

$\frac{y}{x}$	–	3	3	3	3

Die Zuordnungsvorschrift lautet $x \mapsto q \cdot x$.
Der Graph einer proportionalen Zuordnung ist eine _ _ _ _ _ _ _, die durch den Punkt (0 | 0) verläuft.

■ Zeichne den Graphen.

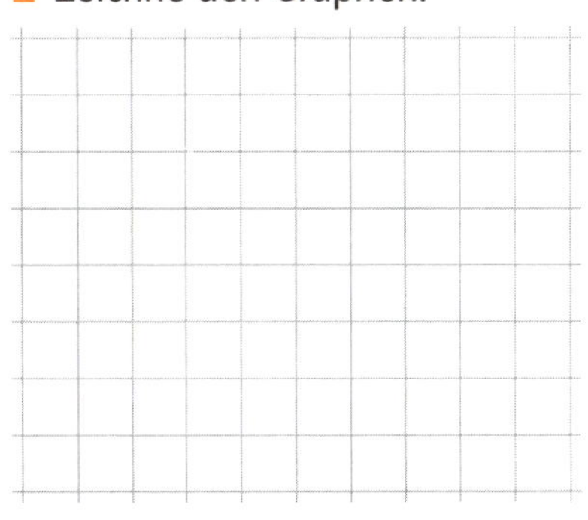

Umgekehrt proportionale Zuordnung

Eine Zuordnung $x \mapsto y$ heißt umgekehrt proportional, wenn dem

Zwei-, Drei-, Vierfachen usw. der Größe x die _ _ _ _ _ _ _, ein Drittel, ein Viertel usw. der Größe y zugeordnet ist.

Dabei ist das _ _ _ _ _ _ _ P der beiden zugeordneten Größen

_ _ _ _ _ _ _ _ .

Die Zuordnungsvorschrift lautet $x \mapsto \frac{P}{x}$.
Den Graphen einer umgekehrt proportionalen Zuordnung nennt man

eine _ _ _ _ _ _ _ _ .

■ Berechne die fehlenden Werte in der Tabelle.

Anzahl der Lastwagen	Fahrten pro Lastwagen
6	4
2	
4	

: 3 / · 3; · 2 / : 2

$x \mapsto$ ______________

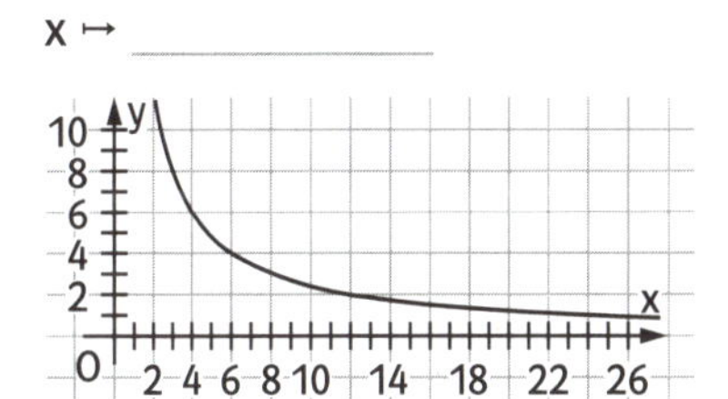

Schlussrechnung (Dreisatz)

Ist eine proportionale Zuordnung gegeben, kann man von einem gegebenen Wertepaar (hier 15 Blöcke zu 27 €) auf ein anderes schließen (Preis für 4 Blöcke). Dazu wird ein geeigneter Zwischenwert gewählt (oft die Einheit, hier ein Block). Von diesem aus kann der gesuchte Wert einfach bestimmt werden (hier durch Mulitplikation mit 4).

Blöcke	Preis in €
15	27
1	1,80
4	7,20

: 15 / : 15; · 4 / · 4

1. Satz: 15 Blöcke kosten 27 €.
2. Satz: 1 Block kostet 27 € : 15 = 1,80 €.
3. Satz: 4 Blöcke kosten 4 · 1,80 € = 7,20 €.

Bei umgekehrt proportionalen Zuordnungen verwendet man auch einen passenden Zwischenwert (im Beispiel: 2). Zu beachten ist: Die Division / Multiplikation der einen Größe (im Beispiel die Anzahl der Lastwagen)

entspricht der _
der zugeordneten Größe (im Beispiel die Fahrten der Lastwagen).

■ Berechne mithilfe einer Schlussrechnung:

	Anzahl der Personen	Kosten (€)
1. Schritt	8	100
2. Schritt	1	
3. Schritt	12	

■ Berechne mithilfe einer Schlussrechnung:

Anzahl der Lastwagen	Fahrten pro Lastwagen
8	9
2	
6	

: 4 / · 4; · 3 / : 3

Funktionen als eindeutige Zuordnung

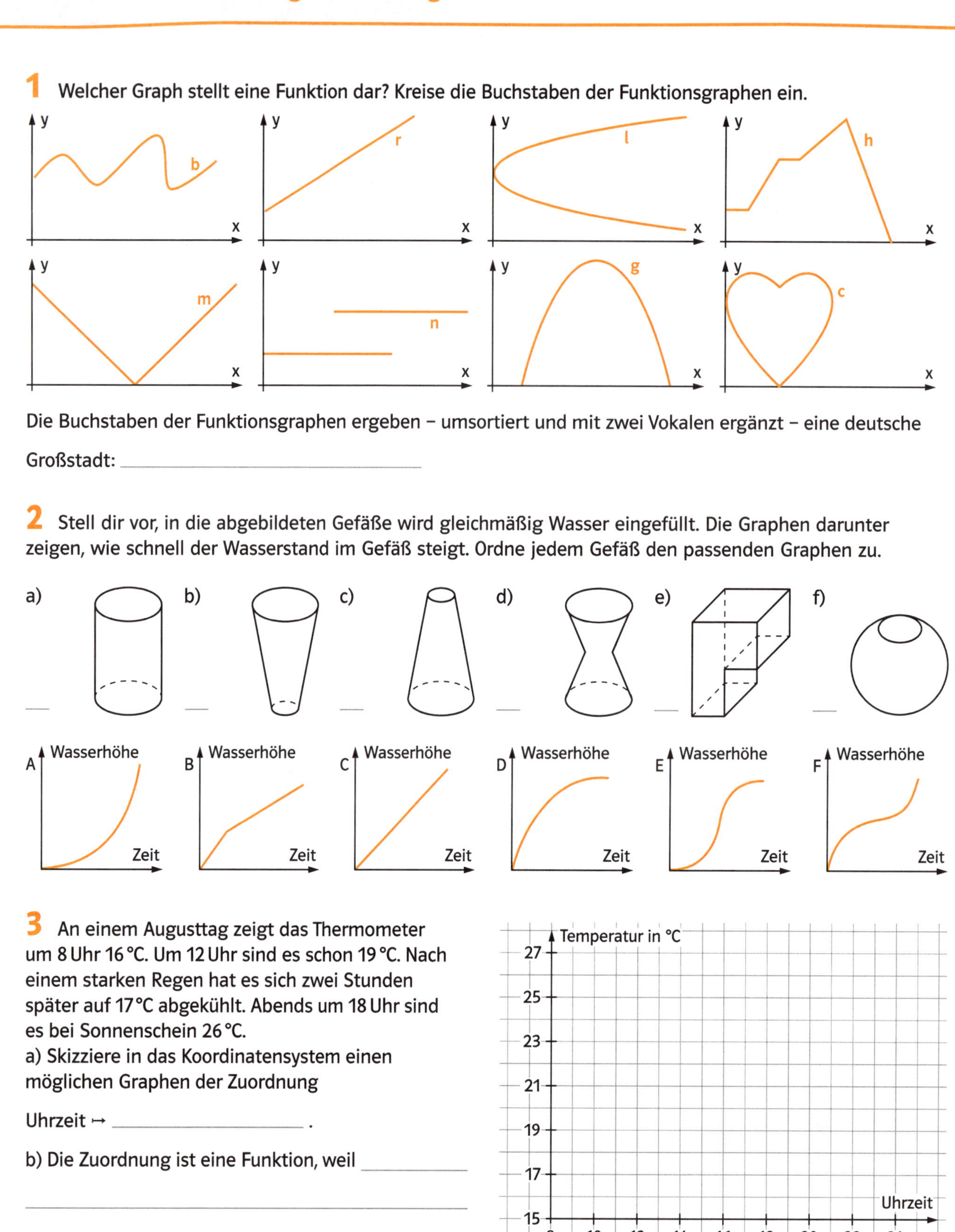

1 Welcher Graph stellt eine Funktion dar? Kreise die Buchstaben der Funktionsgraphen ein.

Die Buchstaben der Funktionsgraphen ergeben – umsortiert und mit zwei Vokalen ergänzt – eine deutsche Großstadt: ______________________

2 Stell dir vor, in die abgebildeten Gefäße wird gleichmäßig Wasser eingefüllt. Die Graphen darunter zeigen, wie schnell der Wasserstand im Gefäß steigt. Ordne jedem Gefäß den passenden Graphen zu.

a) __ b) __ c) __ d) __ e) __ f) __

3 An einem Augusttag zeigt das Thermometer um 8 Uhr 16 °C. Um 12 Uhr sind es schon 19 °C. Nach einem starken Regen hat es sich zwei Stunden später auf 17 °C abgekühlt. Abends um 18 Uhr sind es bei Sonnenschein 26 °C.

a) Skizziere in das Koordinatensystem einen möglichen Graphen der Zuordnung

Uhrzeit ↦ ______________________ .

b) Die Zuordnung ist eine Funktion, weil ______________

____

____

Die Zuordnung ist eindeutig.

c) Betrachte nun die umgekehrte Zuordnung Temperatur ↦ Uhrzeit. Diese Zuordnung ist keine

______________________ , denn der Temperatur 17 °C sind __________ Uhr und etwa __________ Uhr zugeordnet.

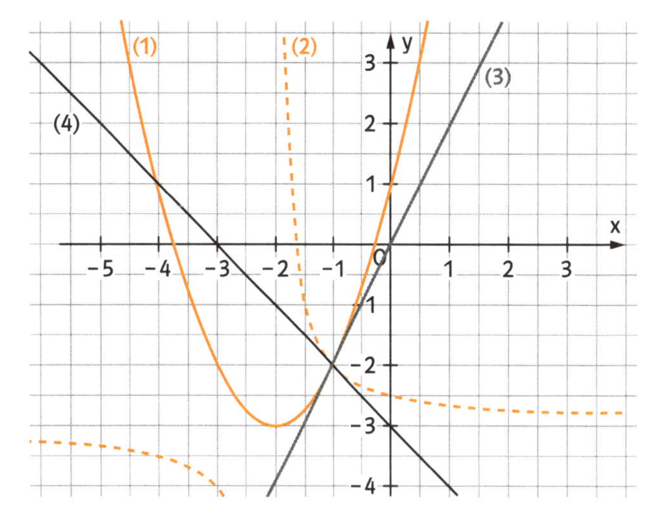

1 a) Zu jedem rechts abgebildeten Graphen gehört einer der angegebenen Funktionsterme. Trage die Nummer des Graphen beim zugehörigen Funktionsterm ein.

_____ : $f(x) = \frac{1}{x+2} - 3$ _____ : $g(x) = 2x$

_____ : $h(x) = (x+2)^2 - 3$ _____ : $k(x) = -x - 3$

b) Berechne jeweils den entsprechenden Funktionswert.

$g(2{,}5) = 2 \cdot 2{,}5 = 5$ $k(3) =$ _____ $=$ _____

$h(-5) =$ _____ $=$ _____

$f(-2{,}5) =$ _____ $=$ _____

2 Ordne den Funktionsgleichungen den entsprechenden Buchstaben der Funktionsvorschriften zu.

a: Zahl → Quotient aus der Zahl und zwei abzüglich zwei

b: Zahl → Differenz aus fünf und dem Dreifachen des Quadrates der Zahl

c: Zahl → Quadrat der Differenz aus fünf vermindert um das Dreifache der Zahl

d: Zahl → Kehrwert der Hälfte der Zahl vermindert um zwei

e: Zahl → Summe aus vier und dem Kehrwert des Achtfachen der Zahl

f: Zahl → Kehrwert von vier vermehrt um das Achtfache der Zahl

_____ $y = 8x + \frac{1}{4}$

_____ $y = \frac{2}{x} - 2$

_____ $y = \frac{x}{2} - 2$

_____ $y = 4 + \frac{1}{8x}$

_____ $y = 5 - 3x^2$

_____ $y = (5 - 3x)^2$

3 a) Überprüfe durch Rechnung, ob der gegebene Punkt P(3 | −1) auf den Graphen der gegebenen Funktionen liegt. $D = \mathbb{Q}$

a: $x \to (x-2)^2 - 2$ a(3) = (3 − 2)² − 2 = _____

b: $x \to -\frac{x}{3}$ b(_____) = $-\frac{\_\_\_}{3}$ = _____

c: $x \to -x^2$ c(_____) = − _____² = _____

d: $x \to -\frac{5}{3}x + 4$ d(_____) = $-\frac{5}{3}$ _____ + 4 = _____

P liegt auf den Graphen der Funktionen _____________ .

b) Zeichne alle Graphen aus a) in das nebenstehende Koordinatensystem ein.

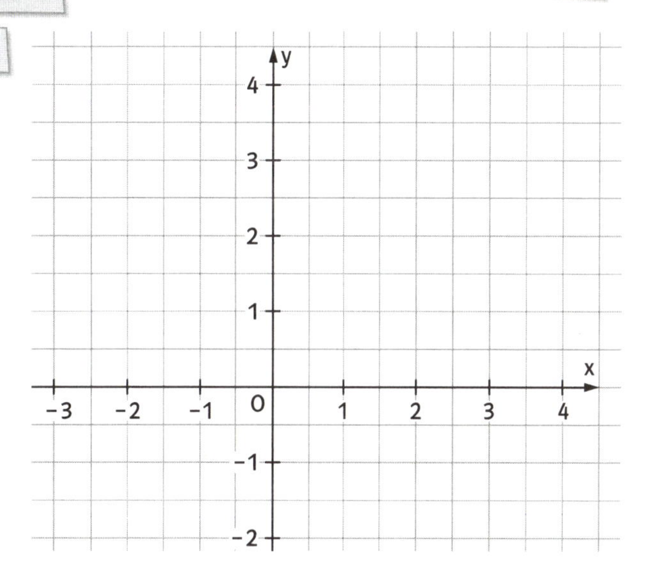

4 Kreuze die maximale Definitionsmenge an. Prüfe, ob die Punkte P und Q oberhalb, auf oder unterhalb des Graphen liegen. Ordne den Funktionen die zugehörigen Graphen zu.

Funktionsterm	Definitionsmenge D_{max}			P(1,5 | 1)			Q(−2 | 0)			Graph
				oberhalb	auf	unterhalb	oberhalb	auf	unterhalb	
$f(x) = 4x - 5$	☐ $\mathbb{Q}\backslash\{\frac{5}{4}\}$	☐ $\mathbb{Q}$	☐ $\mathbb{N}$	☐	☐	☐	☐	☐	☐	A
$g(x) = \frac{4}{x-1}$	☐ $\mathbb{Q}$	☐ $\mathbb{Q}\backslash\{1\}$	☐ $\mathbb{Q}\backslash\{-1\}$	☐	☐	☐	☐	☐	☐	
$h(x) = -x^2 + 4$	☐ $\mathbb{Q}\backslash\{0\}$	☐ $\mathbb{Q}$	☐ $\mathbb{Q}\backslash\{2\}$	☐	☐	☐	☐	☐	☐	
$i(x) = x^2 + 3x - \frac{1}{4}$	☐ $\mathbb{Q}\backslash\{-\frac{3}{2}\}$	☐ $\mathbb{Q}\backslash\{\frac{1}{4}\}$	☐ $\mathbb{Q}$	☐	☐	☐	☐	☐	☐	
$k(x) = -4x - 2 + 4x$	☐ $\mathbb{Q}\backslash\{4\}$	☐ $\mathbb{Q}\backslash\{2\}$	☐ $\mathbb{Q}$	☐	☐	☐	☐	☐	☐	

1 Ergänze die fehlenden Felder in der Tabelle. Rechne im Heft.

Funktionsgleichung	Schnittpunkt mit der x-Achse	Schnittpunkt mit der y-Achse	y-Wert an der Stelle x = 5	Beschreibung des Funktionsterms	Graph
$y = 5x - 2$	S(0,4 | 0)	P(0 | −2)	23	A	(1)
$y = -0{,}25x$					
$y = x^2 - 2x + 4$					
$y = -\frac{1}{x}$					
$y = -2x + 1$					

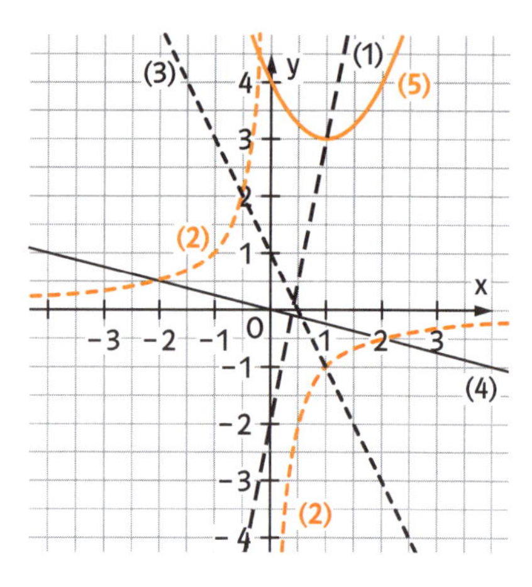

Beschreibungen des Funktionsterms:

A Der y-Wert ist das um zwei verminderte Fünffache des x-Wertes.

B Der y-Wert ist der negative Kehrwert des x-Wertes.

C Der y-Wert ist das um eins vermehrte Doppelte des negativen x-Wertes.

D Der y-Wert ist der mit dem Faktor $-\frac{1}{4}$ multiplizierte x-Wert.

E Der y-Wert ist das um 4 erhöhte Quadrat des x-Wertes, das um das Doppelte des x-Wertes vermindert wird.

2 a) Gib den zugehörigen Funktionsterm an und zeichne den passenden Graphen.

Zufluss 20 l pro Minute

f(x) = ____________

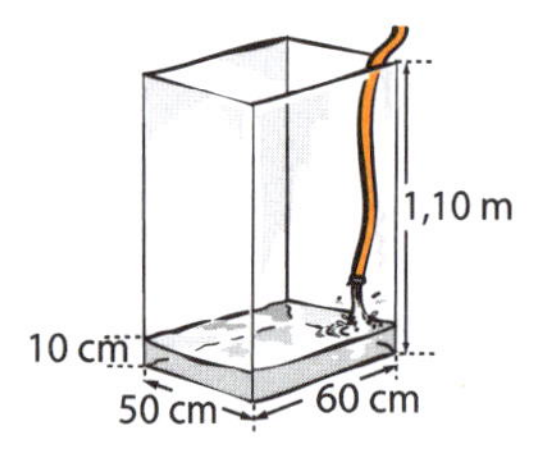

(Startvolumen: abgebildeter Wasserstand)
Zufluss 5 l pro Minute

g(x) = ____________

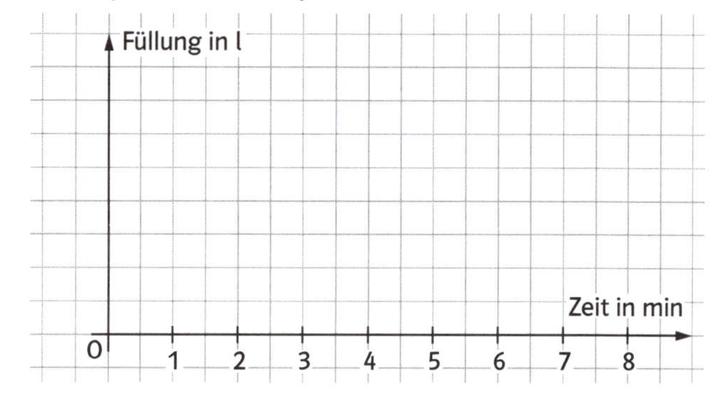

Abfluss 20 l pro Minute

h(x) = ____________

Abfluss 10 l pro Minute und Zufluss durch Wasserhahn 5 l pro Minute

i(x) = ____________

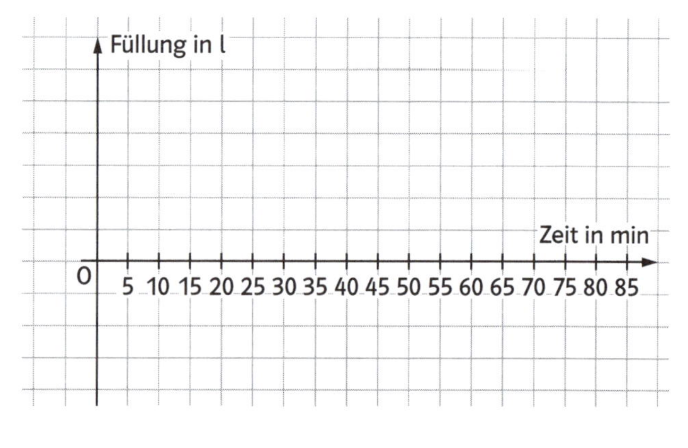

b) Beantworte jetzt zu den Funktionen aus Teilaufgabe a) die folgenden Fragen:

Wie viele Minuten braucht man, um eine 240-l-Badewanne zu füllen?

____

Wie lange hat es gedauert, das Aquarium bis zur abgebildeten Starthöhe zu füllen?

____

Wie lange dauert es noch, bis das Aquarium gefüllt ist?

____

Wie lange dauert es, bis das Schwimmbecken leer ist?

____

Was bedeutet es, wenn der y-Wert der Funktion h kleiner als Null ist?

____

____

Wann ist der Brunnentrog geleert?

____

1 Zeichne die Graphen der folgenden proportionalen Funktionen mithilfe des Steigungsdreiecks in das Koordinatensystem ein.

a) f: $x \mapsto \frac{1}{2}x$ b) f: $x \mapsto -x$

c) f: $x \mapsto -6x$ d) f: $x \mapsto 0{,}6x$

e) f: $x \mapsto -\frac{4}{7}x$ f) f: $x \mapsto 2{,}5x$

g) Der Graph der Funktion ______ fällt am steilsten.

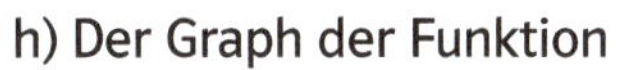

h) Der Graph der Funktion ______ steigt am flachsten.

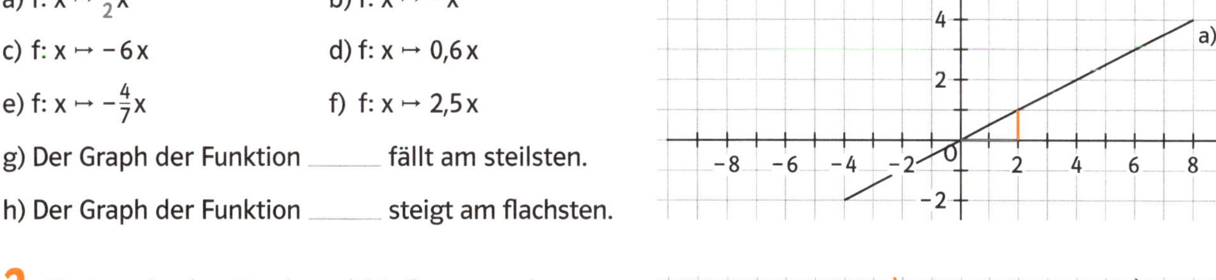

2 Notiere die den Graphen a) bis f) entsprechenden Funktionsgleichungen. Zeichne ein mögliches Steigungsdreieck an jede Gerade.

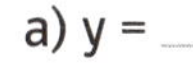

a) y = ______ b) y = ______

c) y = ______ d) y = ______

e) y = ______ f) y = ______

g) Die Steigung des Graphen ______ ist am größten.

h) Die Steigung des Graphen ______ ist am kleinsten.

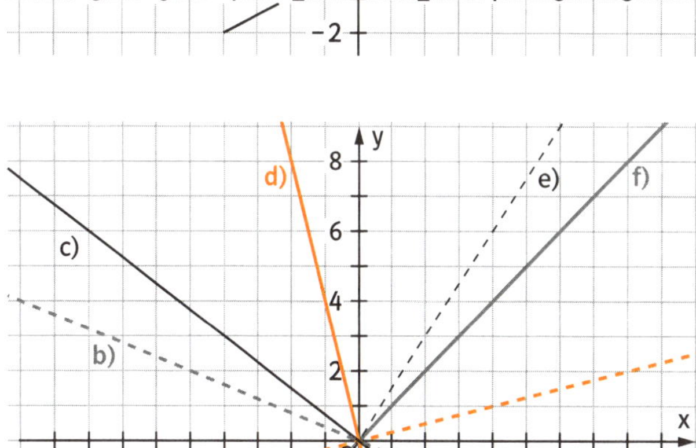

3 Die Kerzen A, B, C und D werden gleichzeitig angezündet. Die Funktionsterme geben jeweils die Höhe h (in cm) einer Kerze in Abhängigkeit von ihrer Brenndauer t (in Stunden) an.

A: $h(t) = -t + 22$ B: $h(t) = -1{,}5t + 30$ C: $h(t) = -0{,}7t + 15$ D: $h(t) = -0{,}8t + 12$

a) Welche Höhe hat die Kerze B vor dem Anzünden? ______

b) Um wie viel cm wird Kerze A jede Stunde kürzer? ______

c) Welche Kerze brennt am schnellsten ab? ______

d) Welche Kerze war anfangs am kleinsten? ______

e) Wann sind die Kerzen A und B gleich hoch? ______

f) Wie lange brennt Kerze D? ______

g) Skizziere die Graphen für A, B, C und D im angegebenen Koordinatensystem.

h) Die Graphen von B und C haben einen gemeinsamen Schnittpunkt, C und D nicht. Was bedeutet das?

______

______

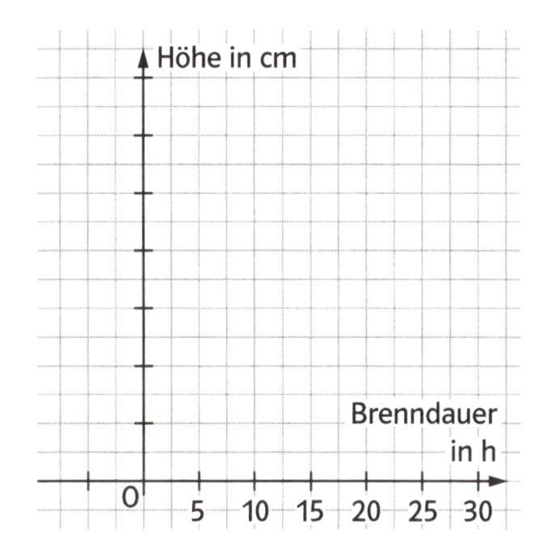

4 Wahr oder falsch? Begründe.

a) Es gibt genau eine Funktion, deren Graph eine Gerade ist, die keine Nullstelle besitzt.

______

b) Jede Parallele zur y-Achse besitzt genau einen Schnittpunkt mit der x-Achse.

______

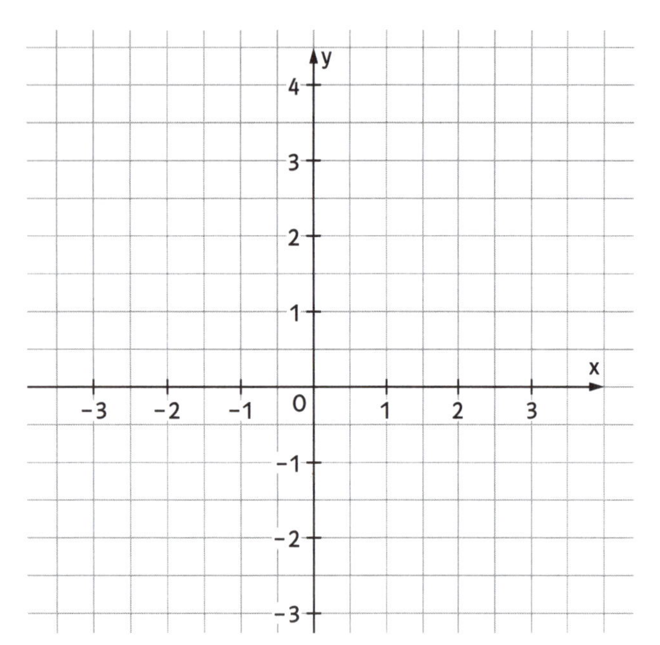

1 Vervollständige die Wertetabelle und zeichne die Graphen der Funktionen.

a) $f: x \mapsto -x + 4,\ D = \mathbb{Q}$ $g: x \mapsto x^2 - 2,\ D = \mathbb{Q}$

$h: x \mapsto \frac{1}{x} + 1,\ D = \mathbb{Q}\setminus\{0\}$ $i: x \mapsto 3,\ D = \mathbb{Q}$

$k: x \mapsto -\frac{1}{4}x^2,\ D = \mathbb{Q}$ $l: x \mapsto \frac{1}{2}x - 2,\ D = \mathbb{Q}$

x	−3	−2	−1	0	1	2
f						
g						
h						
i						
k						
l						

b) Lies näherungsweise am Graphen die Nullstellen von g ab. ______

c) Berechne die Nullstellen von f und l. ______

d) Bestimme den Flächeninhalt des Dreiecks, das von der y-Achse und den Graphen von f und l gebildet wird.

______

2 a) Ordne den Funktionstermen die passenden Funktionsgraphen zu. Die Wertetabelle kann dir dabei helfen.

x	Graph	−2	−1	0	1	2
$a(x) = x^2 - 2$	E					
$b(x) = 2x + 6$						
$c(x) = x^2 + 2x + 4$						
$d(x) = -4x$						
$e(x) = 2x + 2$						
$f(x) = -2x + 2$						

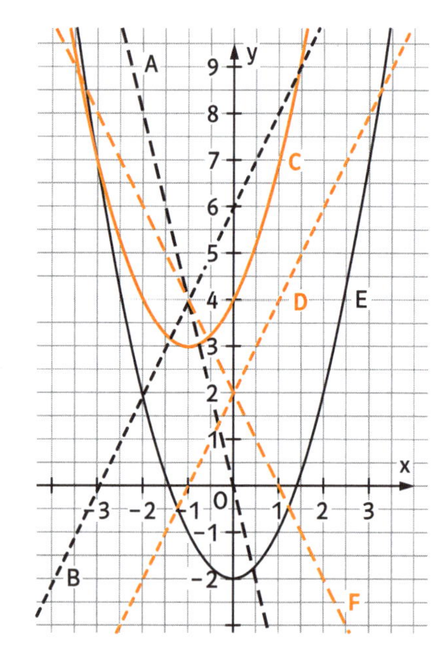

b) Zwei der obigen Funktionsterme sind Summenterme aus zwei der anderen Funktionsterme. Finde anhand der Zeichnung oder der Wertetabelle die passenden Funktionsterme.

c(x) = ____(x) + ____(x) ______ = ______ + ______

3 Stefan hat in seinen Rechnungen die Nullstellen zu Funktionen bestimmt. An einigen Stellen sind ihm Fehler unterlaufen. Korrigiere.

a) $4x^2 - 4 = 0 \quad | :4$

$4x^2 - 1 = 0 \quad | +1$ ______

$4x^2 = 1 \quad | :4$ ______

$x^2 = \frac{1}{4}$ ______

$x_1 = \frac{1}{2};\ x_2 = -\frac{1}{2}$ ______

b) $0 = \frac{4}{x} + 1 \quad | -1$

$-1 = \frac{4}{x}$ | Kehrwert ______

$1 = \frac{x}{4} \quad | \cdot 4$ ______

$4 = x$ ______

1 Berechne den Umfang und den Flächeninhalt. Zeichne dann eine Strecke, die so lang ist wie der Umfang des Kreises.

$U = \pi \cdot d$

a)

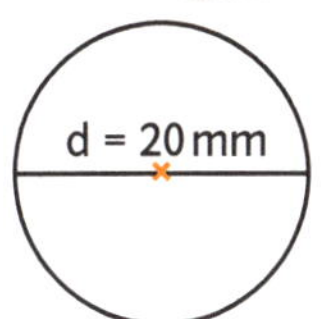

U ≈ 63 mm

A ≈ ______ mm^2

b)

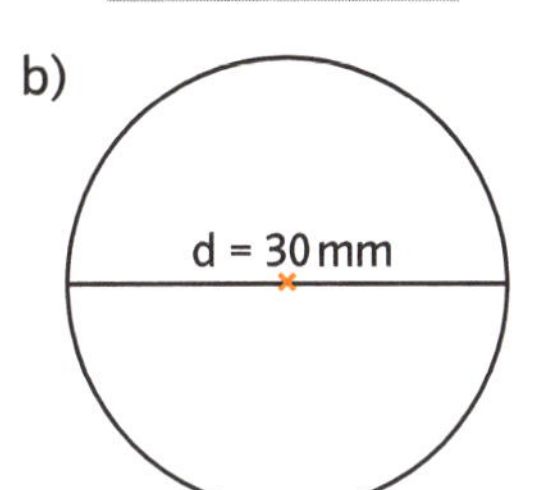

U ≈ ______ mm

A ≈ ______ mm^2

2 Tim hat bei einigen zylinderförmigen Gegenständen den Durchmesser d gemessen. Bestimme den Umfang und den Flächeninhalt der Standfläche.

a)

Durchmesser: 9 cm

U ≈ ______

A ≈ ______

b) Durchmesser: 5 cm

U ≈ ______

A ≈ ______

c)

Durchmesser: 1,5 m

U ≈ ______

A ≈ ______

3 Ein Lochverstärkungsring hat einen äußeren Durchmesser von 13 mm. Wie groß ist sein Flächeninhalt, wenn der Radius des Lochs halb so groß ist wie der äußere Radius?

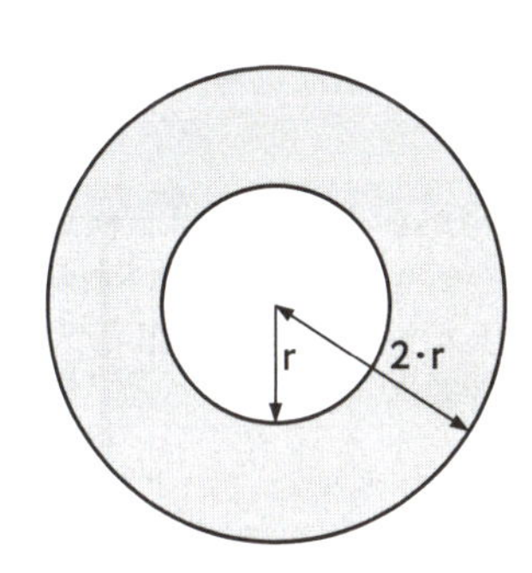

4 Bestimme den Flächeninhalt und den Umfang der orange gefärbten Flächen (2 Kästchen ≙ 1 cm).

a)

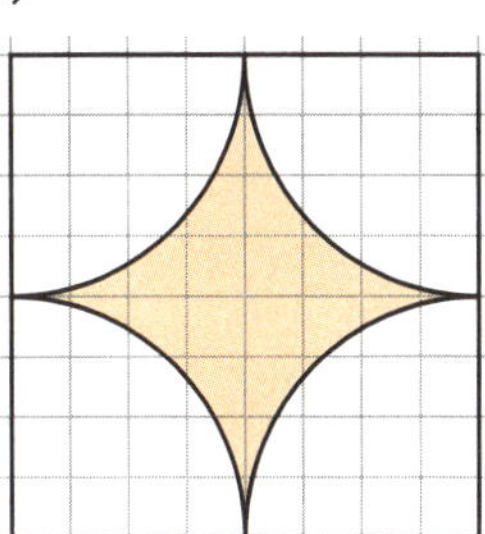

A ≈ ______

U ≈ ______

b)

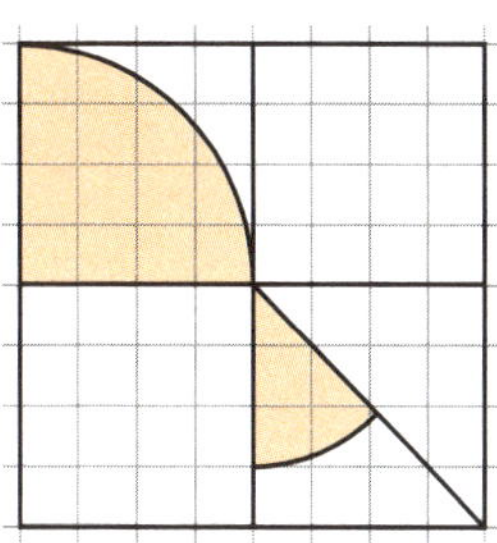

A ≈ ______

U ≈ ______

Umfang und Flächeninhalt eines Kreises (2)

1 Tanja findet in einem Backbuch ein Rezept für einen Tortenboden für eine Springform mit einem Durchmesser von 20 cm. Da sie acht ihrer Freundinnen zum Kaffe eingeladen hat, möchte sie das Rezept für eine Springform mit einem Durchmesser von 28 cm abändern. Wie muss sie die Mengenangaben verändern? Du kannst ihr sicher helfen.

- 75 g Mehl
- 30 g Margarine
- 1 Eigelb
- 25 g Zucker

Die 20-cm-Springform hat einen Radius von ______ cm, also beträgt der Flächeninhalt des Bodens

$A = \pi \cdot$ ______ ^{2} cm^2 ≈ 3,14 · ________ cm^2 = ________ cm^2. Die 28-cm-Springform hat einen Radius von ______ cm

und der Boden entsprechend einen Flächeninhalt von $A = \pi \cdot$ ______ ^{2} cm^2 ≈ 3,14 · ________ cm^2 = ________ cm^2.

Der Flächeninhalt der großen Springform ist ungefähr ________________ so groß wie der Flächeninhalt

der kleinen Form, Tanja muss die Mengenangaben also einfach ______________________ .

2 Welches Angebot ist günstiger? In einer Pizzeria in Stockholm gibt es verschieden große (aber gleich dicke) Pizzas. Eine Pizza mit dem Durchmesser 30 cm kostet 30 Kronen, eine Pizza mit dem Durchmesser 40 cm kostet 40 Kronen.

Kleine Pizza 30,– Skr

Große Pizza 40,– Skr

____

____

____

____

____

3 Der Umfang der Erde (gemessen z. B. am Äquator) ist ungefähr 40 000 km lang. Den Durchmesser der Erde kann man dann so berechnen:
40 000 km : 3,14 ≈ 12 738,8535 km =

______________________ m.

Denke dir ein Seil so eng um die Erde gespannt, dass kein einziges Blatt Papier mehr dazwischen passt. Nun soll dieses Seil um 1 Meter verlängert werden, es ist dann 40 000,001 km =

______________________ m lang. Ob man jetzt ein Blatt Papier dazwischen bekommt oder eine Maus darunter durchkriechen kann? Rechne im Heft:

40 000 001 m : 3,14 = ______________________ m.

Antwort: ______________________________________

____

4 Zeichne die nebenstehende Figur in Originalgröße. Bestimme bzw. berechne den Umfang und den Flächeninhalt der orange gefärbten Fläche.

Umfang: ______________________________________

Flächeninhalt: __________________________________

C r 2cm 4cm A r = 2cm M_{AB} r B

A B

Fülle die Lücken. Für jeden Buchstaben findest du einen Strich. Löse dann die Beispielaufgaben.

Funktionsbegriff

Eine Funktion f ist eine Zuordnung $x \mapsto y$, die jedem Wert für x aus einem Definitionsbereich D_f jeweils nur einen _ _ _ _ _ _ _ _ Wert für y zuordnet. Ein Graph ist nur dann ein Funktionsgraph, wenn jede mögliche _ _ _ _ _ _ _ _ _ zur y-Achse den Graphen in nicht mehr als einem Punkt schneidet.

- Funktionsgraph oder nicht?

Ja/Nein Ja/Nein

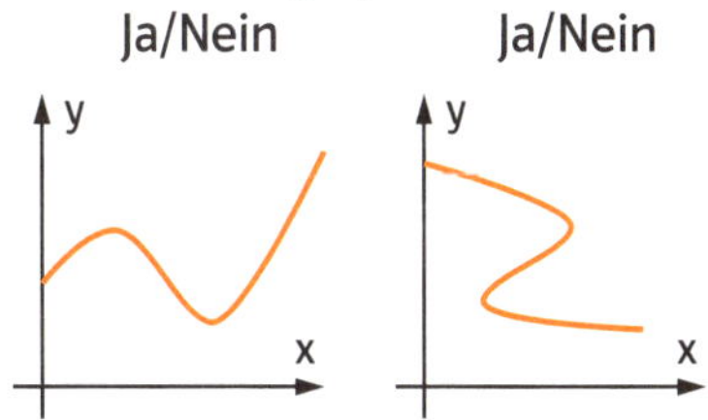

Funktion und Term

Jeder _ _ _ _ f(x) legt eine Funktion f: $x \mapsto f(x)$ fest.

Dabei ist die _ _ _ _ _ _ _ _ _ _ _ _ _ _ _ _ _ D_f die Menge aller Zahlen x, für die der Funktionswert f(x) berechnet werden soll.

Ein Punkt P(x | y) liegt dann auf dem _ _ _ _ _ _ _ G_f, wenn die Koordinaten von P die Funktionsgleichung $y = f(x)$ erfüllen.

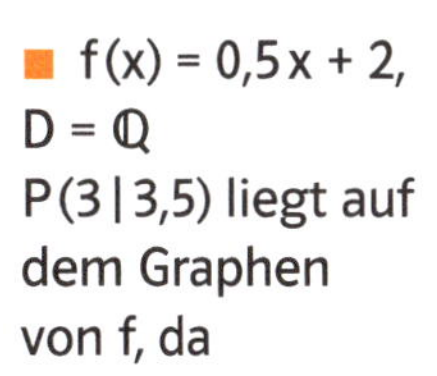

- $f(x) = 0{,}5x + 2$, $D = \mathbb{Q}$

P(3 | 3,5) liegt auf dem Graphen von f, da

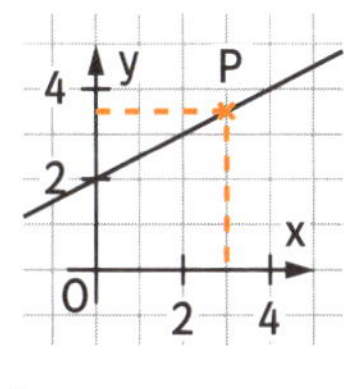

f(___) = 0,5 · ___ + 2 = ___

Nullstelle einer Funktion

Für alle _ _ _ _ _ _ _ _ _ _ _ _ _ _ des Funktionsgraphen G_f mit der x-Achse nennt man die x-Koordinaten Nullstellen der Funktion. Zur Bestimmung der Nullstelle(n) löst man die _ _ _ _ _ _ _ _ _ _ $f(x) = 0$ nach x auf.

- Bestimme die maximale Definitionsmenge D_{max} und die Nullstelle(n) von $f(x) = -\frac{3}{4x} - 2$

D_{max} = __________ .

Aus $f(x) = 0$ erhält man

__________ = 0 und damit

____

x = __________

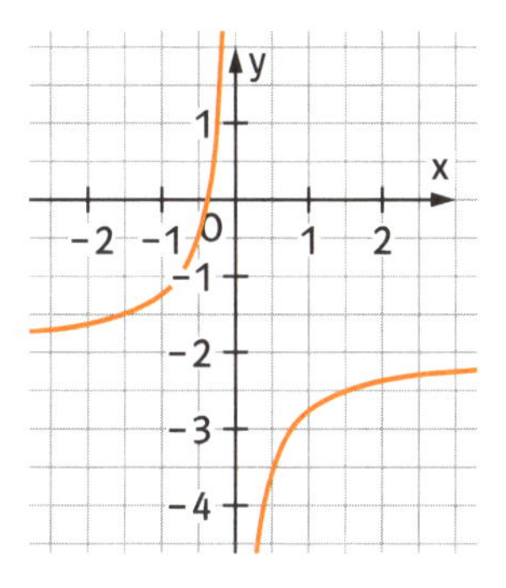

Proportionale Funktion

Proportionale Zuordnungen können durch die Funktionsvorschrift $x \mapsto$ _ _ _ dargestellt werden.

Der Graph einer proportionalen Funktion verläuft durch den _ _ _ _ _ _ _ _ und den Punkt P(1 | m).

Für die Steigung $m > 0$ _ _ _ _ _ _ der Graph, für $m < 0$ _ _ _ _ _ der Graph.

- Fülle die Lücken aus.

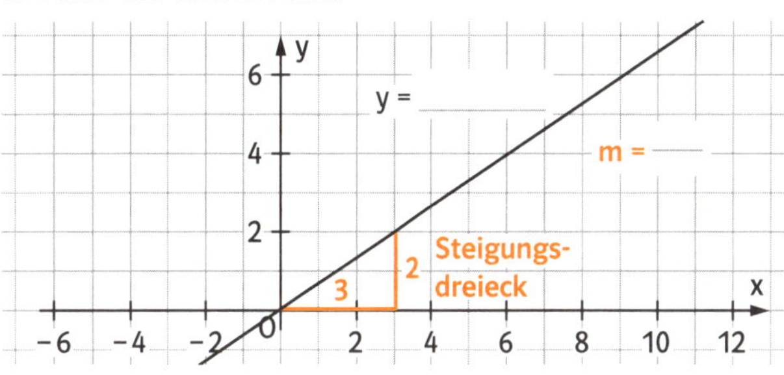

Umfang und Flächeninhalt eines Kreises

Den Flächeninhalt eines Kreises erhält man, wenn man den _ _ _ _ _ _ quadriert und mit der Kreiszahl $\pi \approx 3{,}14$ multipliziert: $A = \pi \cdot r^2$.

Der Umfang eines Kreises ergibt sich als Produkt der Kreiszahl π mit dem _ _ _ _ _ _ _ _ _ _ _ _ :

$U = \pi \cdot d = 2 \cdot \pi \cdot r$

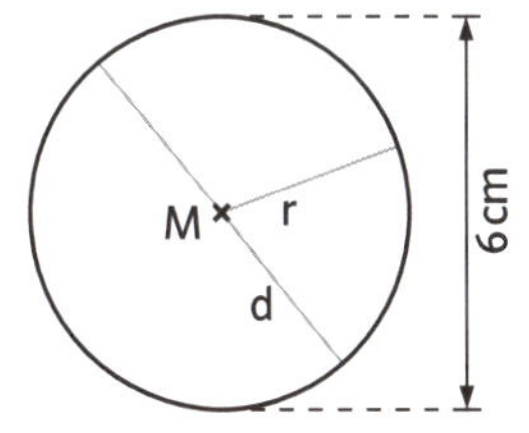

d = 6 cm, r = __________

A = __________

U = __________

Kreis	r = 2 cm d =	r = d = 10 cm	r = d =
Fläche A			
Umfang U			6,28 m

1 Kreuze an, ob ein proportionaler oder linearer Zusammenhang besteht.

Eingabegröße	Ausgabegröße	proportional	linear
Seemeilen	Kilometer	○	○
°Celsius	°Fahrenheit	○	○
Drahtlänge	Drahtgewicht	○	○
Länge des Kabels auf einer Kabeltrommel	Gesamtgewicht der Kabeltrommel	○	○

3 Zeichne die Graphen der linearen Funktionen, die durch die angegebenen Punkte gehen, und gib die Funktionsgleichungen an.

a) $A(-6\,|\,-2)$ $B(1\,|\,5)$ $y =$ ______

b) $C(-7\,|\,-1)$ $D(7\,|\,6)$ $y =$ ______

c) $E(-4\,|\,4)$ $F(6\,|\,-1)$ $y =$ ______

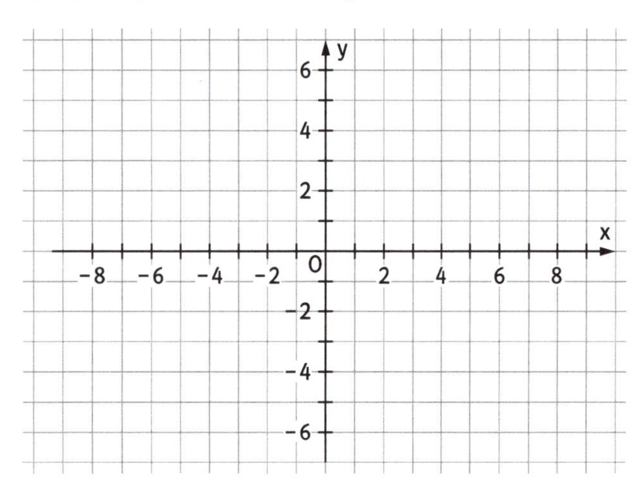

2 Welcher Graph gehört zu welcher linearen Funktionsgleichung? Notiere die zugehörigen Graphen.
Beispiel: Setzt man in die Funktionsgleichung $y = 2x + 6$ für x den Wert 0 ein, so erhält man als zugehörigen Funktionswert ____, also liegt der Punkt (____ | ____) auf dem Graphen der linearen Funktion $f: x \mapsto 2x + 6$. Der einzige Graph, der durch diesen Punkt läuft, ist c).

c) ____ $y = 2x + 6$ ____ $y = -5x - 2$

____ $y = 3x - 11$ ____ $y = \frac{1}{2}x + 2$

____ $y = -\frac{2}{3}x + 3$ ____ $y = 0x - 5$

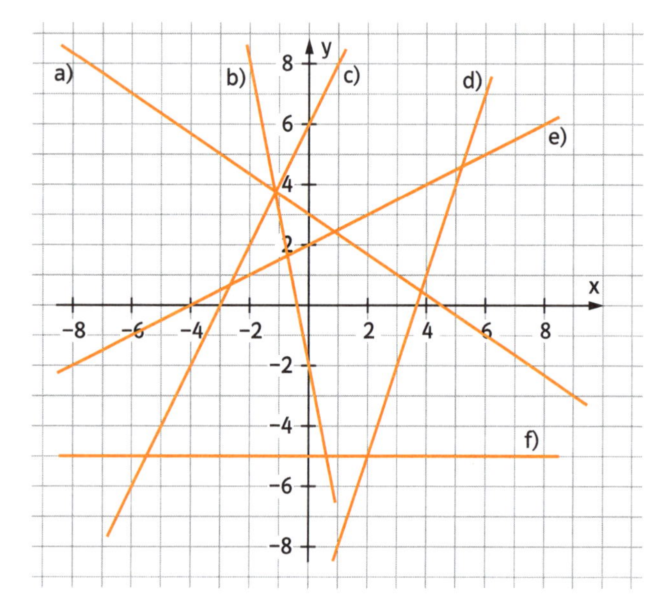

4 Ordne jedem Text die richtige Funktionsgleichung zu.

a) Der Eintritt zum Festzelt kostet pro Person 4,50 € und jedes Getränk 1,50 €.

____ $y = 132 + 0{,}0458x$

____ $y = 0{,}458x + 132$

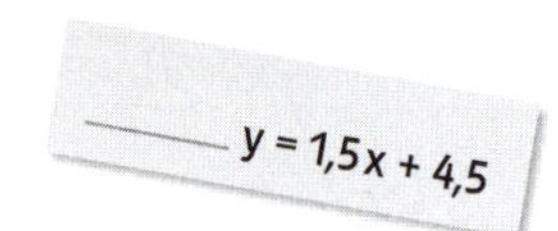
____ $y = 1{,}5x + 4{,}5$

b) Für die Anfahrt des Taxis werden 5,40 € berechnet und für jeden gefahrenen Kilometer fallen nochmals 150 ct an.

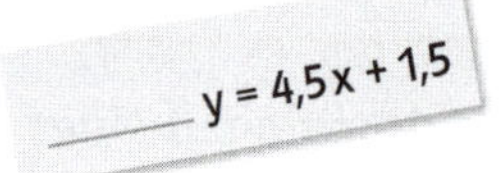
____ $y = 4{,}5x + 1{,}5$

____ $y = 9{,}9x + 9{,}99$

____ $y = 15x + 5{,}40$

____ $y = 0{,}099x + 9{,}99$

c) Der monatliche Grundpreis beträgt 9,99 € und jede begonnene Gesprächsminute kostet 9,9 ct.

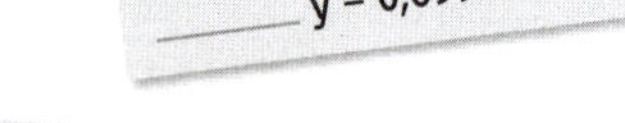
____ $y = 150x + 540$

d) Der Gas-Arbeitspreis beträgt pro Kilowattstunde (kWh) 4,58 ct, zudem beträgt die jährliche Grundgebühr 132 €.

1 Leon, der Sohn der Familie Ochs, will für den Umzug in seine erste eigene Wohnung einen Kleintransporter ausleihen. Für den Kleintransporter wird eine Grundgebühr von ________ € pro Tag verlangt sowie pro gefahrenem Kilometer nochmals ________ €.

LEIHGEBÜHREN:
- Kleintransporter pro Tag: 60,– €
- Kosten pro km: 0,20 €
- Anhänger pro Tag: 40,– €

a) Die Funktionsgleichung zur Berechnung der Kosten in Abhängigkeit der gefahrenen Kilometer lautet:

y = ________________ .

b) Berechne und fülle die Tabelle aus.

Strecke in km	0	100	250	300	400
Kosten in €	60				

c) Zeichne den Graphen dieser linearen Funktion in das Koordinatensystem ein.

Kosten in €: 280, 240, 200, 160, 120, 80, 40, 0
Strecke in km: 50, 100, 150, 200, 250, 300, 350, 400

d) Da Leon zweimal fahren muss, um alles in die neue Wohnung zu bringen, betragen die Leihkosten für die Strecke von 270 km insgesamt ________ €.

e) Leon überlegt nun, ob er zu dem Kleintransporter noch einen Anhänger leihen sollte, da er dann die Strecke nur einmal fahren müsste. Für einen Anhänger wird eine Gebühr von ________ € pro Tag erhoben.
Die neue Funktionsgleichung zur Berechnung der Kosten in Abhängigkeit der gefahrenen Kilometer lautet:

y = ________________ .

f) Berechne und fülle die Tabelle für diese neue lineare Funktion aus.

Strecke in km	0	100	200	350	400
Kosten in €	100				

g) Zeichne den Graphen dieser neuen linearen Funktion in das Koordinatensystem ein.

h) Der Graph der neuen Funktion ist ein um ______ in y-Richtung ____________ Graph der alten Funktion.

i) Wenn Leon mit einem Anhänger nur einmal fahren muss, um alles in seine neue Wohnung zu bringen, betragen die Leihkosten für die Strecke von ________ km insgesamt ________ €.

j) Kreuze an. Der Umzug mit einem Anhänger ist für Leon finanziell die ☐ schlechtere ☐ bessere Alternative.

k) Leon spart durch die Benutzung des Anhängers auch die Spritkosten für eine Tour. Diese Ersparnis beträgt bei einem Verbrauch von 12 l Diesel pro 100 km und einem Preis von 1,35 € pro Liter ________ €. Rechne im Heft.

l) Nun wäre für Leon der Umzug mit einem Anhänger die finanziell ☐ schlechtere ☐ bessere Alternative. Rechne im Heft.

m) Bei gleicher Grundgebühr und einer Kostenpauschale von 10 ct pro Kilometer wäre der Umzug mit einem Anhänger für Leon finanziell die ☐ schlechtere ☐ bessere Alternative. Rechne im Heft.

n) Durch die Benutzung eines Anhängers spart Leon drei Stunden Fahrt, in denen er bereits seine Wohnung einrichten kann. Unter Einbeziehung des Zeitfaktors ist es mit Anhänger die ☐ schlechtere ☐ bessere Alternative. Rechne im Heft.

Lineare Funktionen und Gleichungen (1)

1 Die Gerade e hat die Funktionsgleichung $y = 2x - 1$, die Gerade f hat die Funktionsgleichung $y = -3x + 9$.

a) Zeichne im Heft die beiden Geraden e und f. Ihr Schnittpunkt S liegt im ______ Quadranten.

b) Bestimme nun rechnerisch den Schnittpunkt S der beiden Geraden e und f.

c) In welchem Punkt schneidet die Gerade e die x-Achse? Löse rechnerisch.

d) Die Gerade f schließt mit den beiden Koordinatenachsen ein Dreieck ein. Berechne den Flächeninhalt dieses Dreiecks.

e) Bestimme eine Funktionsgleichung der Geraden k, die zu e parallel ist und auf der der Punkt $Q(-2|7)$ liegt.

2 Ordne die Karten A bis H in richtiger Reihenfolge den Aufgaben a) und b) zu. Zwei Karten bleiben übrig.

a) Ein zum Drittel gefüllter Haustank (Fassungsvermögen 7500 l) einer Heizungsanlage wird mit Öl befüllt. Die Pumpe des Tankwagens schafft in einer Minute 400 l. Nach welcher Zeit ist der Tank voll?

Reihenfolge: ______

b) Wegen einer Reparatur muss der zu 60 % befüllte Feuerwehrtankwagen (Ladevolumen: 16 000 l) entleert werden. In einer Viertelstunde laufen 6000 l ab. Nach welcher Zeit ist der Tank leer?

Reihenfolge: ______

L: x: Zeit in min; f(x): Volumen in l im Tank; $f(x) = 400x + 2500$

D: Wie viel Liter sind schon im Tank?

K: Nach 24 Minuten ist der Tank voll.

F: x: Zeit in min; f(x): Volumen in l im Tank; $f(x) = -400x + 9600$

H: (Graph) Volumen in l: 2500, 5000, 7500, 10 000; Zeit in min: 0, 10, 20

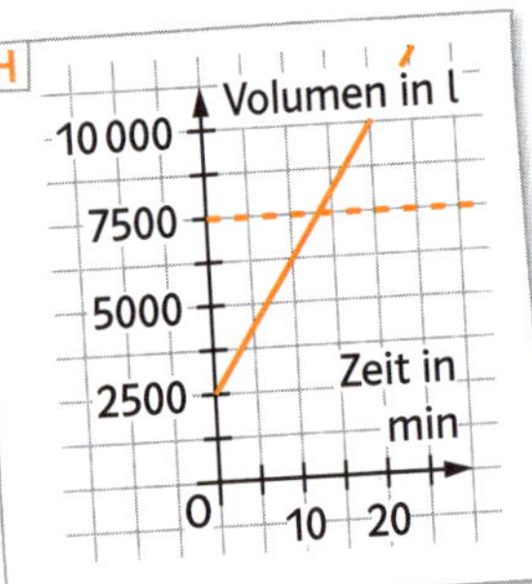

B: Wie viel Liter sind noch im Tank?

E: (Graph) Volumen in l: 3200, 6400, 9600, 12 800; Zeit in min: 0, 12, 24

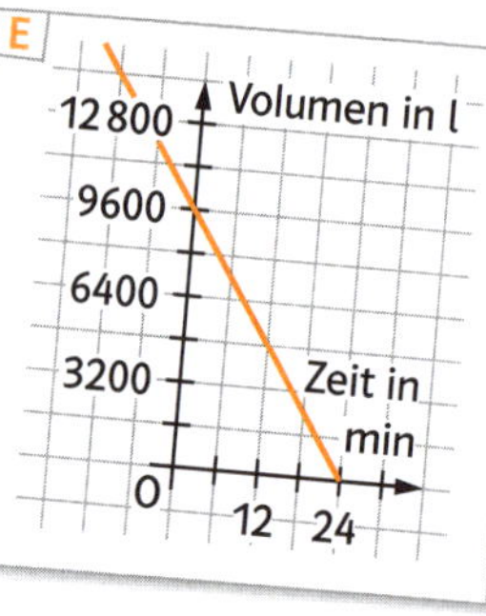

G: Nach 12,5 Minuten ist der Tank voll.

C: Nach 24 Minuten ist der Tank leer.

A: x steht für die Zeit in Minuten und f(x) für das Volumen in Liter im Tank. $f(x) = -400x + 2500$

1 Löse die Gleichung zuerst zeichnerisch und dann rechnerisch.

a) $3x + 3 = -3$

$3x + 3 = -3 \quad | -3$

$3x = -6 \quad | :3$

b) $-\frac{1}{4}x + 1{,}5 = 2{,}5$

c) $\frac{3}{5}x + 6 = 9$

d) $-1{,}5x - 5 = -8$

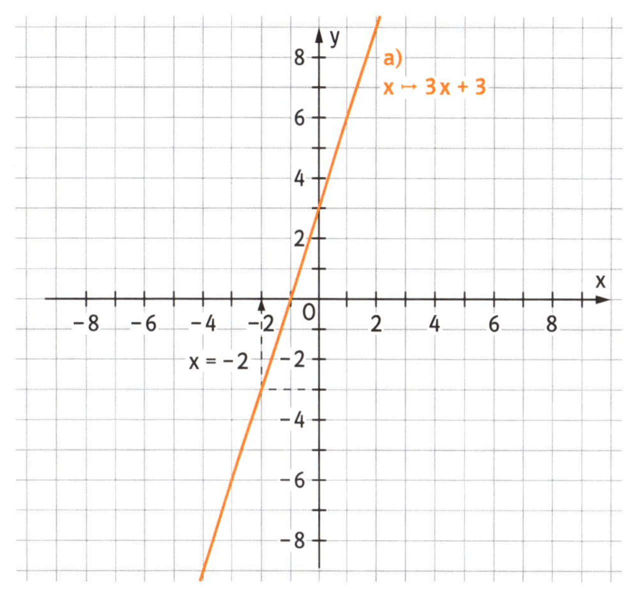

2 Berechne die Nullstelle der linearen Funktion f.

a) $f: x \mapsto 3x + 3$

$3x + 3 = 0 \quad | -3$

$3x = -3 \quad |$

b) $f: x \mapsto -\frac{1}{4}x + 1{,}5$

c) $f: x \mapsto \frac{3}{5}x + 6$

d) $f: x \mapsto -1{,}5x - 5$

3 Die Tabelle gehört zu einer linearen Funktion. Ergänze die Lücken und gib die Funktionsgleichung an. Tipp: Beachte die Formel zur Berechnung der Steigung einer Geraden: $m = \frac{f(x_2) - f(x_1)}{x_2 - x_1}$.

x	−2	−1	0			7
y	19	12		−16	0	

a: y = __________

x			0	2	4	6
y	−9,8	0			14,7	21,7

b: y = __________

4 a) Der Graph der linearen Funktion mit $f: x \mapsto mx + t$ ($D = \mathbb{Q}$) verläuft durch den Punkt P bzw. Q.
Hinweis: Die Einheiten im Koordinatensystem entsprechen nicht Zentimeterangaben.
Gib die Funktionsgleichung an und bestimme deren Nullstelle.

(1) $m = 2$ $\quad P(-2|4)$

y = __________ Nullstelle bei x = _____

(2) $m = \frac{3}{5}$ $\quad t = -0{,}4$

y = __________ Nullstelle bei x = _____

(3) $Q(9|-2)$ $\quad t = 5{,}2$

y = __________ Nullstelle bei x = _____

b) Der Schnittpunkt von (1) und (2) liegt bei (___ | ___), von (1) und (3) bei (___ | ___) und von (2) und (3) bei (___ | ___).
Zeichne die Graphen.

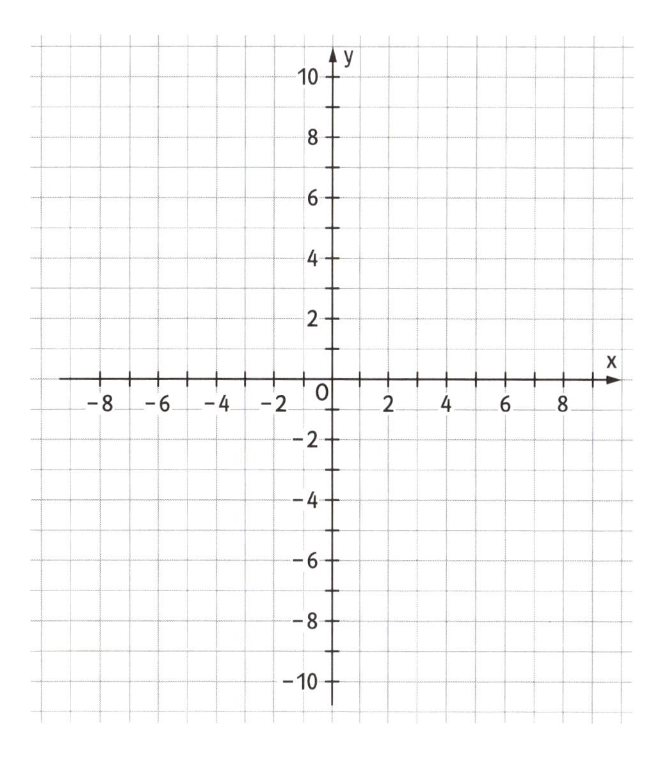

1 Hier sind die Lösungsmengen verschiedener Ungleichungen dargestellt. Gib die Lösungsmengen in Mengen- sowie in Intervallschreibweise an.

a) −3 −2 −1 0 1 2 3

$L = \{x \mid \_\_\_\_\_\_\}$

$L = \_\_\_\_\_\_$

b) −6 −5 −4 −3 −2 −1 0

$L = \{x \mid \_\_\_\_\_\_\}$

$L = \_\_\_\_\_\_$

c) −1 0 1 2 3 4 5

$L = \{x \mid \_\_\_\_\_\_\}$

$L = \_\_\_\_\_\_$

2 Löse mithilfe von Äquivalenzumformungen. Veranschauliche die Lösungsmenge an einer Zahlengeraden.

a) $5 > x + 4 \quad |$ ______

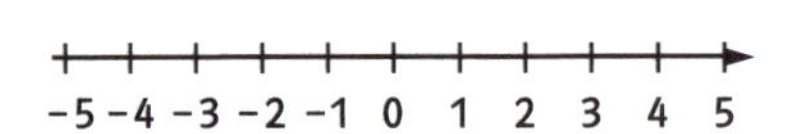

b) $-4x \leqq 116 \quad |$ ______

c) $x + 7 < 1 \quad |$ ______

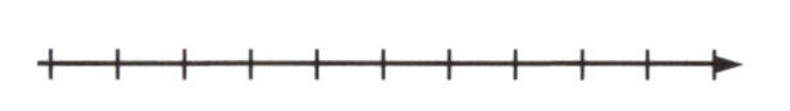

d) $5x - 6 \leqq 8x - 6 \quad |$ ______

e) $x + 8 > 3x - 6 \quad |$ ______

f) $-4(x - 3{,}5) \geqq -6 \quad |$ ______

3 Bestimme die Lösungsmenge graphisch und veranschauliche sie auf der x-Achse.

a) $5x + 2 < -3$ $\quad L = \{x \mid \_\_\_\_\_\_\}$

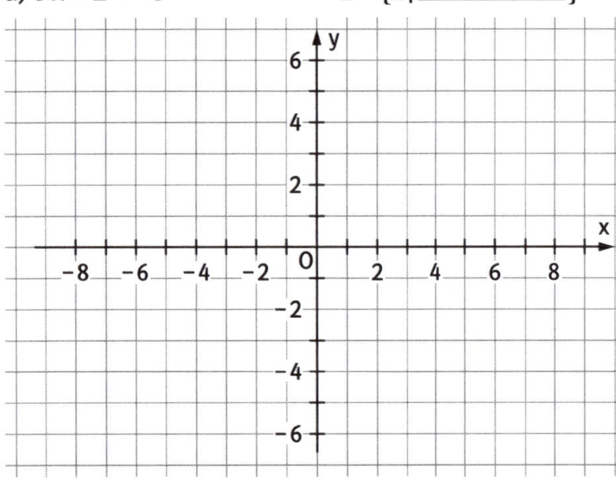

b) $\frac{10}{4} < 7 - 3x$ $\quad L = \{x \mid \_\_\_\_\_\_\}$

4 Bei einem Trapez ist die zur Grundseite x parallele Seite 20 m kürzer als die Grundseite. Die anderen beiden Seiten sind je nur 50 cm kürzer als diese Parallele.

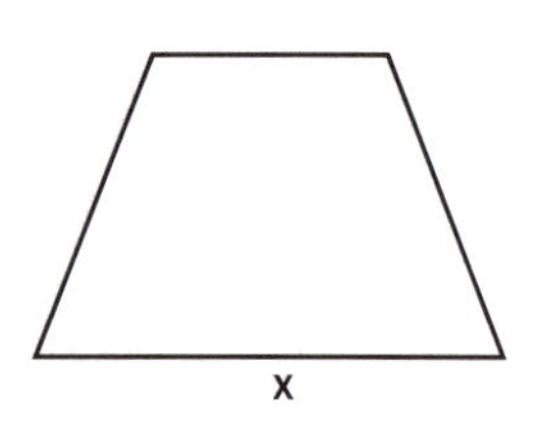

a) Wie lang darf die Grundseite sein, wenn der Umfang höchstens 86 m beträgt?

b) Wie lang muss die Grundseite mindestens sein, wenn der Umfang nicht geringer als 64 m sein soll?

Fülle die Lücken. Für jeden Buchstaben findest du einen Strich. Löse dann die Beispielaufgaben.

Lineare Funktionen

Eine lineare Funktion ist eine Funktion mit der Funktionsvorschrift $x \mapsto mx + t$ mit $m, t \in \mathbb{Q}$. Der Graph einer linearen Funktion ist eine Gerade mit dem _-Achsenabschnitt t und der _ _ _ _ _ _ _ _ _ m.

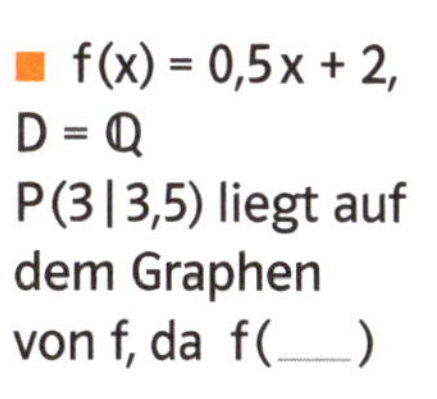

■ $f(x) = 0{,}5x + 2$, $D = \mathbb{Q}$
P(3 | 3,5) liegt auf dem Graphen von f, da f(___)
= 0,5 · ___ + 2 = ___

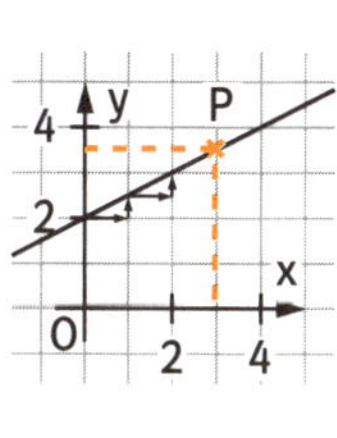

Bestimmung des Funktionsterms für lineare Funktionen

Ist die Steigung gleich null, so verläuft der Graph parallel zur x-Achse.
Ist der _-_ _ _ _ _ _ _ _ _ _ _ _ _ _ _ _ gleich null, so liegt eine proportionale Funktion vor.

Sind _ _ _ _ _ gleich null, so liegt der Graph auf der x-Achse.

Vorgehen bei unterschiedlichen Vorgaben:
(I) Sind von einer linearen Funktion zwei Punkte bekannt, $P(x_1 | f(x_1))$ und $Q(x_2 | f(x_2))$, so lässt sich die Steigung m mit $m = \frac{f(x_2) - f(x_1)}{x_2 - x_1}$ berechnen.
(II) Kennt man die _ _ _ _ _ _ _ _ _ m und die Koordinaten eines Punktes, lässt sich der y-Achsenabschnitt t bestimmen: $t = y - mx$.
(III) Oft kann man m und t aus dem Graphen ablesen, dabei hilft ein geschickt gewähltes Steigungsdreieck.

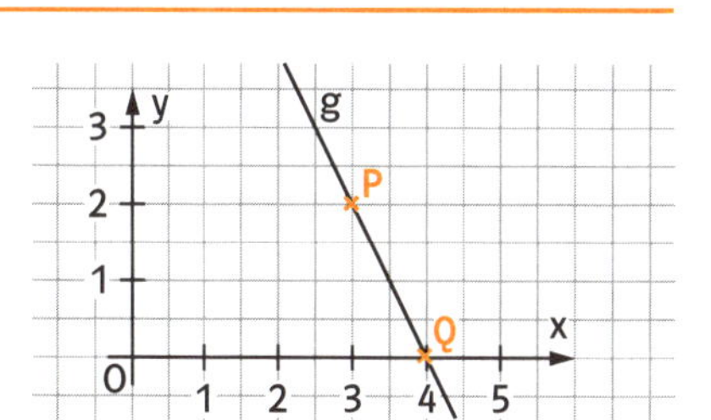

P(3 | ___), Q(4 | ___) liegen auf g.

m = ___ = ___

t = ___ − ___ · ___ = ___

Damit lautet die Funktionsgleichung der Gerade:

y = ___ x + ___

Lineare Funktionen und lineare Gleichungen

Löst man die lineare Gleichung $mx + t = c$ nach x auf, so erhält man den x-Wert für den _ _ _ _ _ _ _ _ _ _ _ _ des Funktionsgraphen von $f: x \mapsto mx + t$ und einer Parallelen zur x-Achse durch den Punkt (0 | c).

Für diesen x-Wert liefert f den _ _ _ _ _ _ _ _ _ _ _ _ _ _ c.
Ist $c = 0$, so stellt die x-Koordinate des Schnittpunkts des Funktionsgraphen von f mit der _-_ _ _ _ _ die Lösung dar, also die Nullstelle der Funktion f.
Die rechnerische Lösung erhält man durch Äquivalenzumformungen.

Die _ _ _ _ _ _ _ _ _ _ einer linearen Funktion f erhält man, wenn man die Gleichung $mx + t = 0$ nach x auflöst.

■ Löse die lineare Gleichung $-0{,}75x + 3 = 1{,}5$ graphisch.

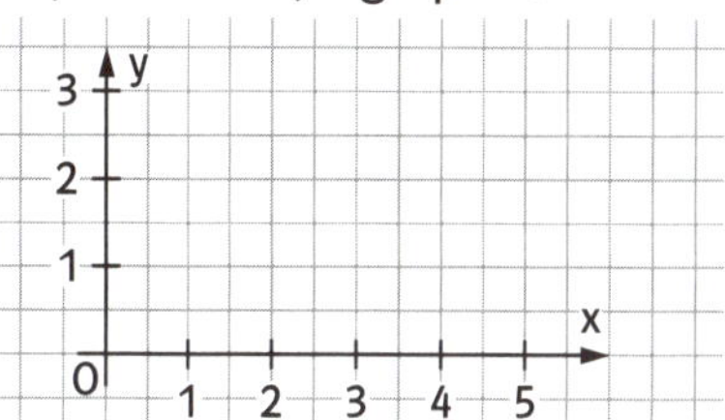

Die Lösung ist x = ___ .

Lineare Ungleichungen

Die Lösungen einer linearen Ungleichung wie $mx + t < c$ sind alle x-Werte, für die der Funktionswert $f(x) = mx + t$ _ _ _ _ _ _ _ als c ist. Ungleichungen werden ähnlich gelöst wie Gleichungen.
Im Zuge einer Äquivalenzumformung muss das _ _ _ _ _ _ _ _ _ _ _ _ _ _ _ _ _ _ _ bei der Multiplikation mit einer negativen Zahl bzw. bei der Division durch eine negative Zahl umgedreht werden. Die Lösungen einer Ungleichung gibt man als Lösungsmenge L an.
Die Lösungsmenge L kann auch als _ _ _ _ _ _ _ _ _ geschrieben werden.

■ Löse: $24 - 8x > -8$ | ___

___ | ___

___

L = {___ | ___}

Markiere L an der Zahlengeraden.

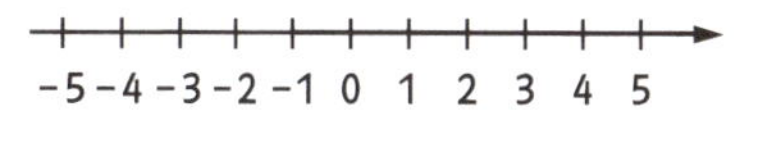

L = ___ ; ___

1 Ein Lottogewinn von 120 000 € soll gleichmäßig in einer Tippgemeinschaft aufgeteilt werden.

a) Gib in der Tabelle an, wie viel € jedes Mitglied der Tippgemeinschaft erhält, wenn diese aus einer bestimmten Anzahl von Personen besteht.

b) Zeichne den Graphen der Zuordnung *Anzahl der Personen* ↦ *Gewinn pro Person* (in €). Beschrifte zuerst die Achsen des Koordinatensystems.

Anzahl der Personen	Gewinn pro Person (in €)
1	
2	
3	
4	
5	
6	
8	
10	

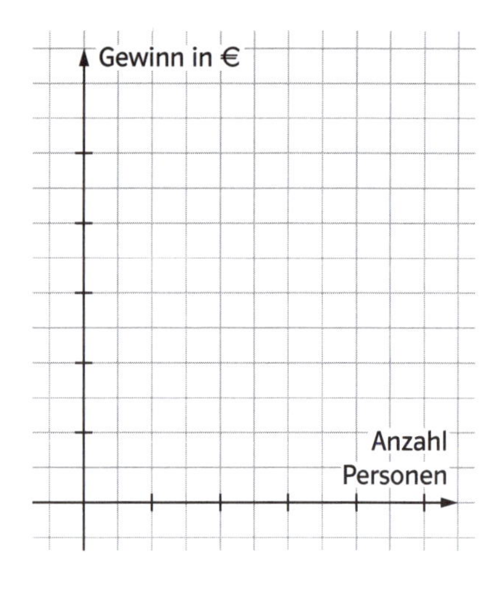

2 In der Tabelle sind Funktionswerte einer in ℚ definierten Funktion angegeben. Zeichne die Graphen und ergänze die möglichen Funktionsterme.

x	−2	−1	0	1	2
a: x ↦ ______	−7	−5	−3	−1	1
b: x ↦ ______	4	1	0	1	4
c: x ↦ ______	8	5	2	−1	−4
d: x ↦ ______	−2,5	−1	−0,5	−1	−2,5

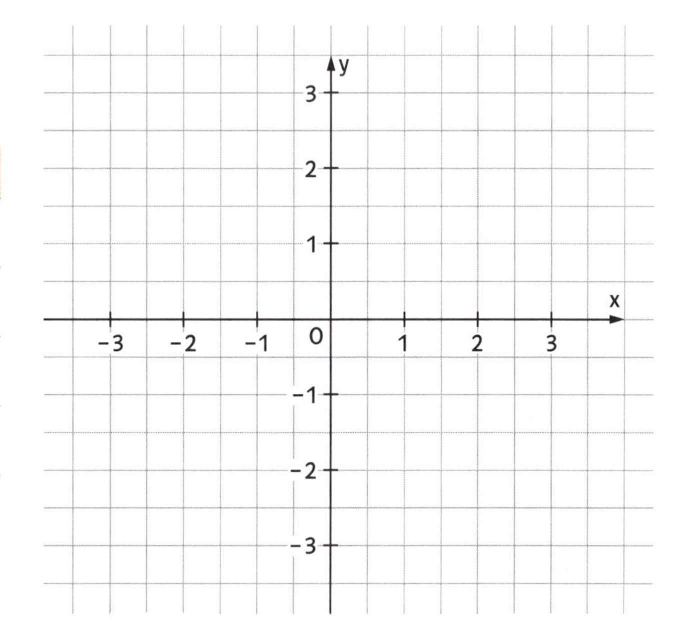

3 Gib die Funktionsgleichungen zu den Geraden an.

a) y = ______ b) y = ______

c) y = ______ d) y = ______

e) y = ______ f) y = ______

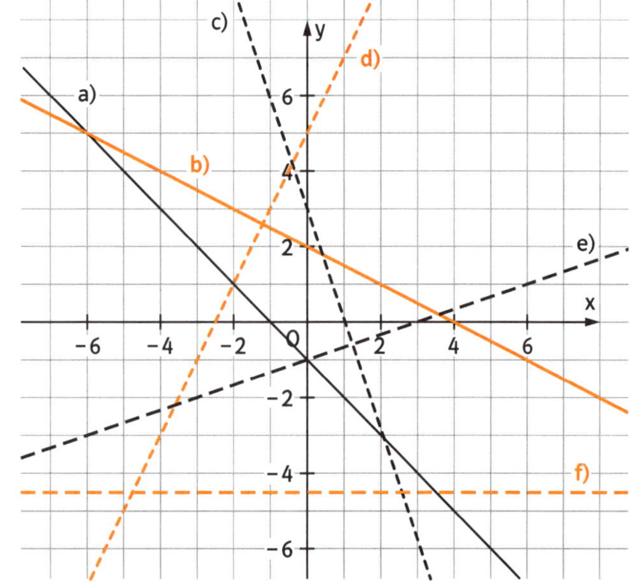

4 Löse die Ungleichung und veranschauliche die Lösungsmenge an der Zahlengeraden.

$5 + 7x < 19$

______

______

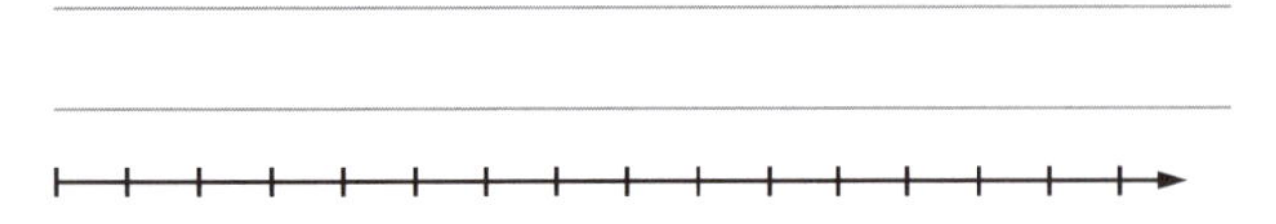

1 a) Von welchen Gleichungen ist das Zahlenpaar $(2\,|\,-3)$ eine Lösung? Kreuze an.

A $2y = -3x$ ☐ B $y - 3x = -13$ ☐

C $y + 5 = x$ ☐ D $0 = 0x - 3 - y$ ☐

E $3y + 3x = 3$ ☐ F $3y = -\frac{3}{2}x - 6$ ☐

G $y - 7 = -5x$ ☐ H $y = \frac{6}{12}x - \frac{12}{4}$ ☐

b) Drei Gleichungen werden nicht von $(2\,|\,-3)$ gelöst. Ersetze in diesen die Zahl ohne Variable so, dass $(2\,|\,-3)$ nun eine Lösung ist.

____

____

____

c) Zeichne zur Kontrolle die Graphen der drei von dir gefundenen Gleichungen linearer Funktionen aus Teilaufgabe b) in das Koordinatensystem.

2 Bestimme die fehlende Zahl so, dass sich eine Lösung von $0{,}8x = y - 3$ ergibt. Wenn du die gefundenen Zahlen auf das Alphabet überträgst und richtig sortierst, ergibt sich ein **Lösungswort:** ________________ .

$(\_\_\_\_\,|\,9{,}4)$ ☐ $(-2{,}5\,|\,\_\_\_\_)$ ☐ $(7\frac{1}{2}\,|\,\_\_\_\_)$ ☐

$(\_\_\_\_\,|\,17{,}4)$ ☐ $(0\,|\,\_\_\_\_)$ ☐ $(\_\_\_\_\,|\,19\frac{4}{5})$ ☐

3 Gib an, für welche Größe des Sachproblems jeweils x und y stehen, und notiere die zugehörige lineare Gleichung mit den Variablen x und y. Trage anschließend alle möglichen Lösungpaare $(x\,|\,y)$ in die Wertetabelle ein.

a) Justin hat 2 € für Süßigkeiten ausgegeben. Er hat Lakritzschnecken zu 10 Cent und Lutscher zu 20 Cent gekauft.

x: ________________

y: ________________

Gleichung: ________________

x									
y									

b) Astrid hat 4 € für Hefte und Blöcke bezahlt. Ein Heft kostet 25 Cent, ein College-Block kostet 1 €.

x: ________________

y: ________________

Gleichung: ________________

x			
y			

c) Warum gibt es bei den Gleichungen aus den Teilaufgaben a) und b) nicht unendlich viele Lösungspaare?

____

____

1 Ordne die Zahlenpaare den linearen Gleichungssystemen als Lösung zu. Ein Zahlenpaar bleibt übrig.

(I): $y = 2x + 3$
(II): $y = 0{,}5x + 6$

(I): $y + 2x + 1 = 0$
(II): $x - y = -8$

(I): $3y - 2x = -10{,}5$
(II): $2x + 2y = 13$

(I): $y + x = 2$
(II): $\frac{1}{3}x - 4 = y$

$(-3|5)$ $(6|\frac{1}{2})$ $(2|2{,}5)$ $(4{,}5|-\frac{5}{2})$ $(2|7)$

2 Bestimme graphisch mit verschiedenen Farben die Lösung des Gleichungssystems und mache die Probe.
Hinweis: Die Einheiten im Koordinatensystem entsprechen nicht Zentimeterangaben.

a) (I): $y = x + 7$ (II): $y = -2x - 5$ P(−4 | 3)
Probe: $3 = -4 + 7$ ✓ $3 = -2 \cdot (-4) - 5$ ✓

b) (I): $y = 2x - 6$ (II): $y = x + 1$ Q(___|___)
Probe: ____________

c) (I): $y = \frac{2}{3}x - 1$ (II): $y = -\frac{2}{3}x + 3$ R(___|___)
Probe: ____________

d) (I): $y = 2{,}2x + 4$ (II): $y = \frac{4}{5}x - 3$ S(___|___)
Probe: ____________

e) (I): $y = \frac{1}{3}x - 7$ (II): $y = -\frac{11}{6}x + 6$ T(___|___)
Probe: ____________

a) (II) a) (I) P y x −10 −8 −6 −4 −2 0 2 4 6 8 8 6 4 2 −2 −4 −6

3 Suche unter den Gleichungen alle heraus, welche zusammen mit $y = 1{,}8x + 6$ das Zahlenpaar $(-5|-3)$ als Lösung haben. Richtig sortiert, ergeben die Buchstaben der gesuchten Gleichungen ein

Lösungswort: ____________.

a) $y + 1{,}5x = -10{,}5$	N		b) $y = \frac{1}{3}x - 1$	E
c) $37{,}2 = 0x - 12{,}4y$	P		d) $y = \frac{1}{2}x + 7$	O
e) $2{,}5y = -x - 12{,}5$	T		f) $\frac{1}{3}y - \frac{2}{5}x = 1$	K
g) $y = -\frac{4}{5}x + \frac{4}{5}$	I		h) $0 = x + 2 - y$	U

4 Notiere an den Linien, ob die beiden jeweils angrenzenden linearen Gleichungen **k**eine, **e**ine oder **u**nendlich viele gemeinsame Lösungen haben.

$y = 3x + 2$
$6x - 2y = -4$
$y = 3x - 2$
$\frac{3}{2}y = \frac{2}{3}x + 2$
$\frac{2}{3} = x - \frac{1}{3}y$

5 Timo hat 13 LEGO-Steine (Sechser und Achter). Hintereinandergelegt bilden sie eine 88 Noppen lange Reihe. Wie viele Sechser- und Achter-Steine hat er? Löse graphisch und rechnerisch.

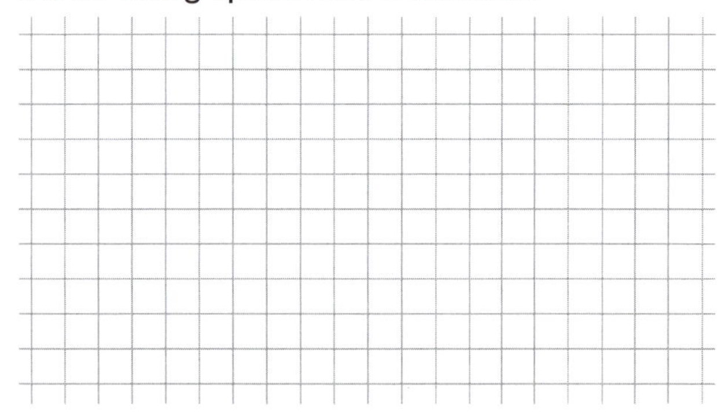

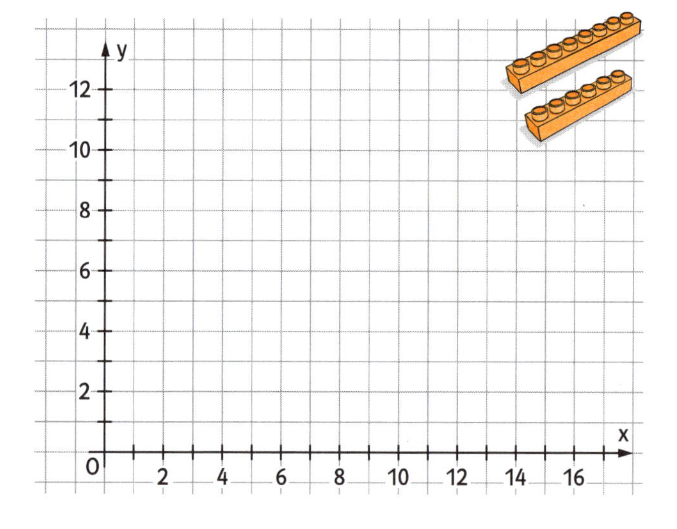

Lösen mit dem Einsetzungsverfahren

1 Bestimme das Lösungszahlenpaar zuerst zeichnerisch, danach rechnerisch mit dem Einsetzungsverfahren.

(I): $2x + 4y = 6$ und (II): $x + 4y = 5$

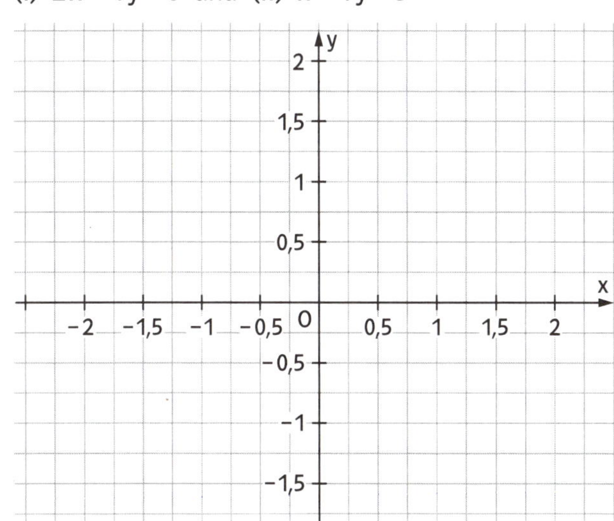

Einsetzungsverfahren:

a) (II) nach der Variablen ____ auflösen:

x = ____________

b) In (___) für die Variable ____ den Term ____________ einsetzen und nach der Variablen y auflösen:

____

____________ | y = ____________

c) In (___) für die Variable ____ die Zahl ____ einsetzen und nach der Variablen x auflösen:

____________ | x = ____________

2 Hier sind die Lösungsschritte samt Probe der beiden linearen Gleichungssysteme durcheinandergeraten. Markiere zusammengehörende Kärtchen in einer Farbe und nummeriere die Abfolge der Lösungsschritte.

a) (I): $3x + y = 8$
(II): $y = 2x - 12$

b) (I): $0{,}6x + 2y = 4{,}4$
(II): $0{,}6x = 3y + 0{,}6$

____	$3x + 2x - 12 = 8$	b) 1	$3y + 0{,}6 + 2y = 4{,}4$	____	$x = 4{,}8$
____	$0{,}6x + 1{,}52 = 4{,}4 \quad \vert -1{,}52$	____	$0{,}6x = 2{,}88 \quad \vert :0{,}6$	____	$12 + y = 8 \quad \vert -12$
____	$5y = 3{,}8 \quad \vert :5$	____	P mit (II): $-4 = 2 \cdot 4 - 12$	____	$2{,}88 = 2{,}88$
____	$-4 = -4$	____	$2{,}88 = 2{,}28 + 0{,}6$	____	$5y + 0{,}6 = 4{,}4 \quad \vert -0{,}6$
____	$x = 4$	____	$y = 0{,}76$	____	(I): $0{,}6x + 2 \cdot 0{,}76 = 4{,}4$
____	P mit (II): $0{,}6 \cdot 4{,}8 = 3 \cdot 0{,}76 + 0{,}6$	____	$5x - 12 = 8 \quad \vert +12$	____	$-4 = 8 - 12$
____	$y = -4$	____	(I): $3 \cdot 4 + y = 8$	____	$5x = 20 \quad \vert :5$

3 Stelle die linearen Gleichungen von I und II auf, berechne den Schnittpunkt der beiden Graphen und mache die Probe.

(I): y = ____________

(II): y = ____________

y mit (I): ____________

Probe mit (II): ____________

4 Wie viele Münzen von jeder Sorte sind in dem Sparschwein? Rechne im Heft. Antwort: ____________

1 Löse das lineare Gleichungssystem mit dem Additionsverfahren.

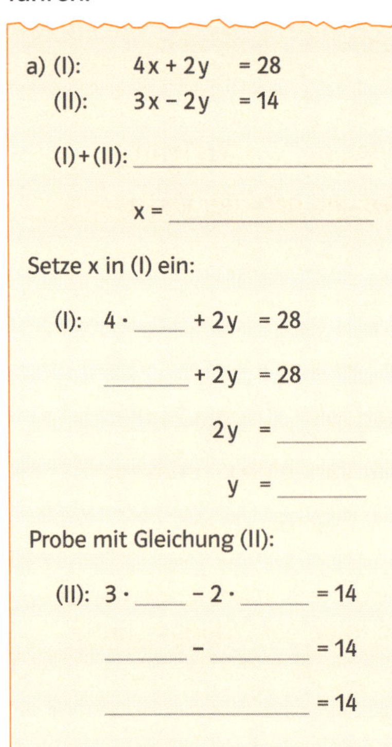

a) (I): $4x + 2y = 28$
(II): $3x - 2y = 14$

(I) + (II): ______________

x = ______________

Setze x in (I) ein:

(I): $4 \cdot$ ____ $+ 2y = 28$

____ $+ 2y = 28$

$2y =$ ____

$y =$ ____

Probe mit Gleichung (II):

(II): $3 \cdot$ ____ $- 2 \cdot$ ____ $= 14$

____ $-$ ____ $= 14$

______________ $= 14$

b) (I): $6x + 4y = 38$
(II): $2x + 2y = 8 \quad | \cdot (-3)$

(I): ______________

(II): ______________

(I) + (II): ______________

____ = ____

Setze ____ in (I) ein:

(I): $6 \cdot$ ____ $+ 4 \cdot$ ____ $= 38$

______________ $= 38$

______________ = ____

______________ = ____

Probe mit Gleichung (II):

(II): $2 \cdot$ ____ $+ 2 \cdot$ ____ $= 8$

______________ $= 8$

______________ $= 8$

2 Bestimme die fehlende Gleichung.

a) (I): ______________
(II): $3x - 4y = 19$
(I) + (II): $8x = 42$

b) (I): $7y - 3x = -15$
(II): ______________
(I) + (II): $-7x = 16$

c) (I): ______________
(II): $18 = 2x - 3y$
(I) + (II): $-5 = y$

3 Das abgebildete Parallelogramm und das große Dreieck sind aus gleich großen gleichschenkligen Dreiecken zusammengefügt worden.
a) Markiere in den Figuren gleich lange Seiten mit gleichen Farben.
b) Stelle für beide Figuren die Gleichungen auf, um ein Gleichungssystem zu erhalten.

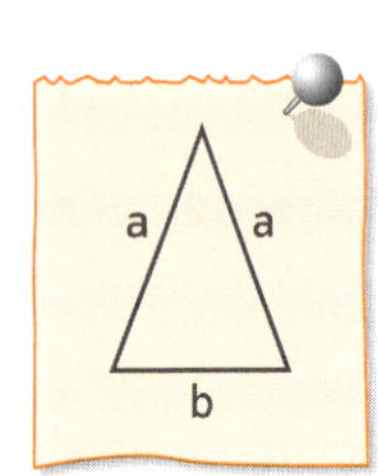

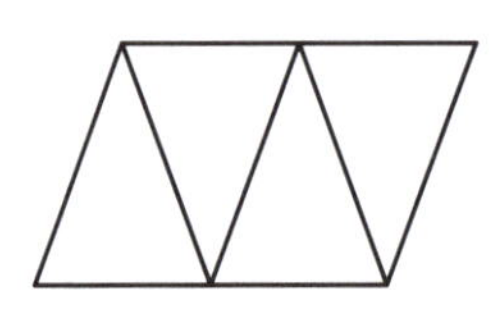

Umfang Parallelogramm: 46 cm

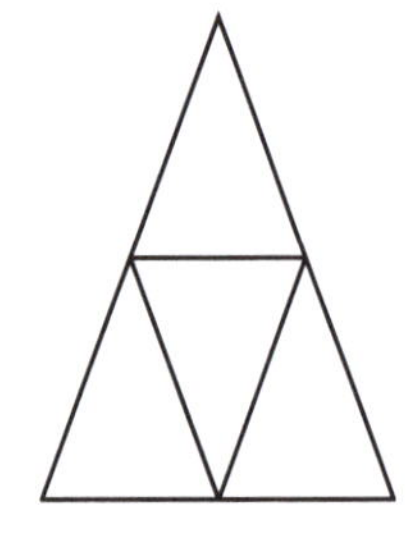

Umfang Dreieck: 50 cm

(I): ____ a + ____ b = ______ (Parallelogramm)

(II): ____ a + ____ b = ______ (großes Dreieck)

c) Berechne im Heft die Seitenlängen des gleichschenkligen Dreieckes.

Schenkellänge: ________ cm Basislänge: ________ cm

4 Wilhelm soll am Kiosk für seine Familie und die Verwandten, die schon seit drei Tagen zu Besuch sind, Eis holen. Ein Milchfinger kostet 1,20 € und eine Erdbeerhand 1,50 €. Das Geld hat er abgezählt mitbekommen, genau 18 €. Auf dem Weg zum Kiosk sagt sich Wilhelm ständig vor, wie viel von welchem Eis er holen soll, dabei vertauscht er leider irgendwann die Eissorten. Beim Bezahlen bekommt er 0,90 € zurück. Stelle das lineare Gleichungssystem auf und löse mit dem Additionsverfahren.

Die Variable x steht für die Anzahl der ______________ und die Variable y für die Anzahl der ______________.

(I): ______________

(II): ______________

umgeformt:

(I): ______________

(II): ______________

(I) + (II): ______________

______ = ______

Zweite Variable:

____

____

____

______ = ______

Probe: ______________

____

____

Eigentlich soll Wilhelm ____ Milchfinger und ____ Erdbeerhände holen.

1 a) Ein Bauer besitzt Hasen und Hühner, zusammen haben sie 22 Beine. Wie viele Hasen und wie viele Hühner könnten dem Bauer gehören?
Stelle eine Gleichung mit zwei Variablen auf und gib alle möglichen ganzzahligen Lösungen an.

Gleichung: ____________________

Anzahl Hasen							
Anzahl Hühner							

b) Stelle die zweite Gleichung auf, wenn man zusätzlich weiß, dass der Bauer insgesamt 8 Tiere hat. Welches Zahlenpaar aus der Tabelle in Teilaufgabe a) ist nun die eindeutige Lösung des Gleichungssystems?

____

x = ______ Hasen y = ______ Hühner

2 In der Nähe einer Polarstation leben 12 Tiere, Eistaucher und Eisbären. Zusammen haben sie 32 Beine. Wie viele Eistaucher und wie viele Eisbären leben bei der Polarstation?
x steht für die Anzahl der Eistaucher und y für die ____________ der ____________.

Somit ergeben sich folgende zwei Gleichungen eines linearen Gleichungssystems:

(I): ______ + ______ = 32 und (II): $x + y$ = ______

(I): y = ____________ (II): y = ____________

Führe die Rechnung im Heft fort.

Es leben dort ____ Eistaucher und ____ Eisbären.

3 Bei der Planung des diesjährigen Sommerurlaubs wird auf die Erfahrungen des letzten Jahres zurückgegriffen. Im letzten Jahr hat das Auto mit Wohnanhänger pro 100 km 11,5 l Diesel verbraucht, ohne Anhänger verbraucht das Auto 7,5 l.
Die All-inclusive-Übernachtung auf dem Campingplatz kostet für die ganze Familie 48,00 € pro Nacht, ein Ferienhaus im selben Ort kann komplett für 55,00 € pro Nacht gemietet werden.
Der Urlaubsort liegt 500 km entfernt und ein Liter Diesel kostet durchschnittlich 1,40 €.
Die Variable y steht für die Kosten (Sprit und Unterbringung) in Abhängigkeit von der Verweildauer.

(I) y = ____________________ (II) y = ____________________

Lies näherungsweise aus den Graphen die Koordinaten des Schnittpunkts ab und überprüfe danach durch Rechnung. Bei welcher Verweildauer sollte man sich für welche Unterkunft entscheiden?

____

____

____

Euro
700
600
500
400
300
200
100
0
2 4 6 8
Tage

4 Aufgabe: Eine Glühlampe kostet 1,00 € und benötigt pro 100 Stunden 6 kWh Energie. Eine Energiesparlampe kostet 12,00 € und benötigt pro 100 Stunden 1 kWh. Die Lebensdauer der Energiesparlampe ist 8-mal so hoch wie die der normalen Glühlampe.
Ab welcher Betriebszeit lohnt sich finanziell der Einsatz der Energiesparlampe, wenn man pro kWh 20 ct bezahlen muss?

____

____

____

____

____

____

Fülle die Lücken. Für jeden Buchstaben findest du einen Strich. Löse dann die Beispielaufgaben.

Lineare Gleichungen mit zwei Variablen

Jede lineare Gleichung mit zwei Variablen lässt sich in der Form $ax + by = c$ notieren, wenn a, b nicht beide null sind.
Die graphische Darstellung aller Lösungen ist eine Gerade.
Beispiel: $0{,}5x - y = -1$. Es gilt:

- Jede Lösung besteht aus einem _ _ _ _ _ _ _ _ _ _ _.
- Es gibt _ _ _ _ _ _ _ _ _ _ viele Lösungen.

■ Trage die Lösungsgerade des Beispiels ein.

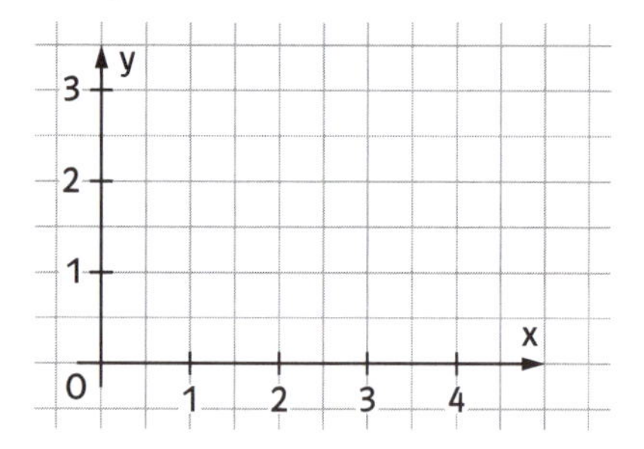

Lineare Gleichungssysteme mit zwei Variablen

Bei der gleichzeitigen Betrachtung von zwei linearen Gleichungen mit zwei Variablen spricht man auch von einem linearen Gleichungssystem. Ein Zahlenpaar, das beide Gleichungen löst, nennt man Lösung des linearen Gleichungssystems. Ein lineares Gleichungssystem kann keine, eine oder unendlich viele Lösungen haben.

■ Unterstreiche die Lösung des linearen Gleichungssystems.
(I): $y = 2x - 3$ (II): $y = -0{,}5x + 4{,}5$
A(−3 | 3) B(5 | 2) C(2 | 3,5)
D(2 | 1) E(−9 | 9) F(3 | 3)

Zeichnerisches Lösen eines LGS mit zwei Variablen

Zuerst zeichnet man die zu den beiden Gleichungen gehörenden _ _ _ _ _ _ _ _. Der Schnittpunkt der beiden Geraden veranschaulicht die Lösung des LGS, da seine Koordinaten beide Gleichungen erfüllen.

■ Löse graphisch:
(I): $y = 0{,}5x + 0{,}5$
(II): $y = -\frac{3}{4}x + 3$
Lösung: {(___ | ___)}

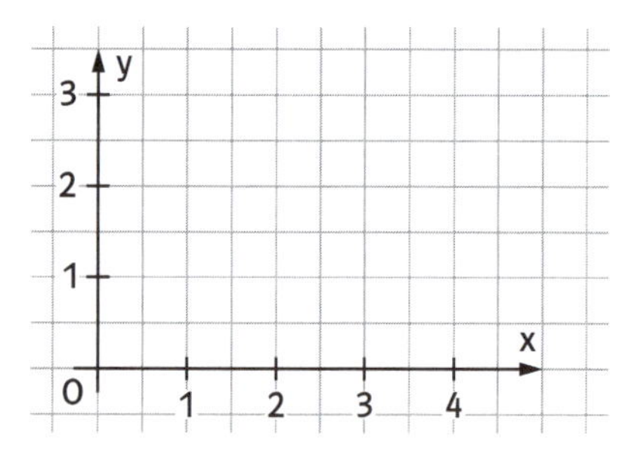

Einsetzungs- und Additionsverfahren

Ziel beider Verfahren ist es, eine neue Gleichung hervorzubringen, die nur noch eine der beiden Variablen beinhaltet und so lösbar ist.
- Beim Einsetzungsverfahren löst man eine der _ _ _ _ _ _ Gleichungen nach einer der Variablen auf.
In der zweiten Gleichung ersetzt man dann diese Variable durch den gefundenen Term.
- Beim Additionsverfahren multipliziert man die Gleichungen mit geeigneten Zahlen so, dass beim Addieren der beiden Gleichungen eine Variable wegfällt.
Durch das Lösen dieser neuen _ _ _ _ _ _ _ _ _ _ lässt sich bei beiden Verfahren die erste der beiden Variablen bestimmen.
Die zweite Variable lässt sich jeweils durch Einsetzen des Wertes der ersten Variablen in eine der beiden Ausgangsgleichungen bestimmen.

■ Mache jeweils die ersten Schritte zum Lösen des LGS:
(I): $y = 2x - 1$ (II): $2y + x = 8$
Einsetzen über y:
(I) in (II): $2 \cdot ($__________$) + x = 8$
Addition über y:
(I): $y - 2x = -1 \mid \cdot (-2)$
__________ = ______
(II): $2y + x = 8$
(I) + (II): $0y$ ______ = ______
Für x ergibt sich jeweils x = ___ .
x eingesetzt in (I) ergibt den y-Wert. $y = 2 \cdot$ _____ $- 1$ $y =$ _____

Lösen von Anwendungsaufgaben

Anwendungsaufgaben unter Zuhilfenahme von Gleichungssystemen lassen sich zumeist in vier Schritten lösen:
1. Festlegung von geeigneten _ _ _ _ _ _ _ _ _ _
2. Textaussagen in mathematische Gleichungen übersetzen
3. Lösen des aufgestellten Gleichungssystems
4. Interpretieren und Überprüfen der Lösung
5. Formulierung einer Antwort

■ Eine Zahl, vermindert um das Dreifache einer anderen Zahl, ergibt 11. Die Zahl, vermehrt um das Doppelte der anderen Zahl, ergibt 1.
Zahl: y *andere Zahl:* x
(I): $y - 3x = 11$ (II): $y + 2x = 1$
(I): $y = 3x + 11$ (II): $y = -2x + 1$
Die Zahlen sind _____ und _____ .

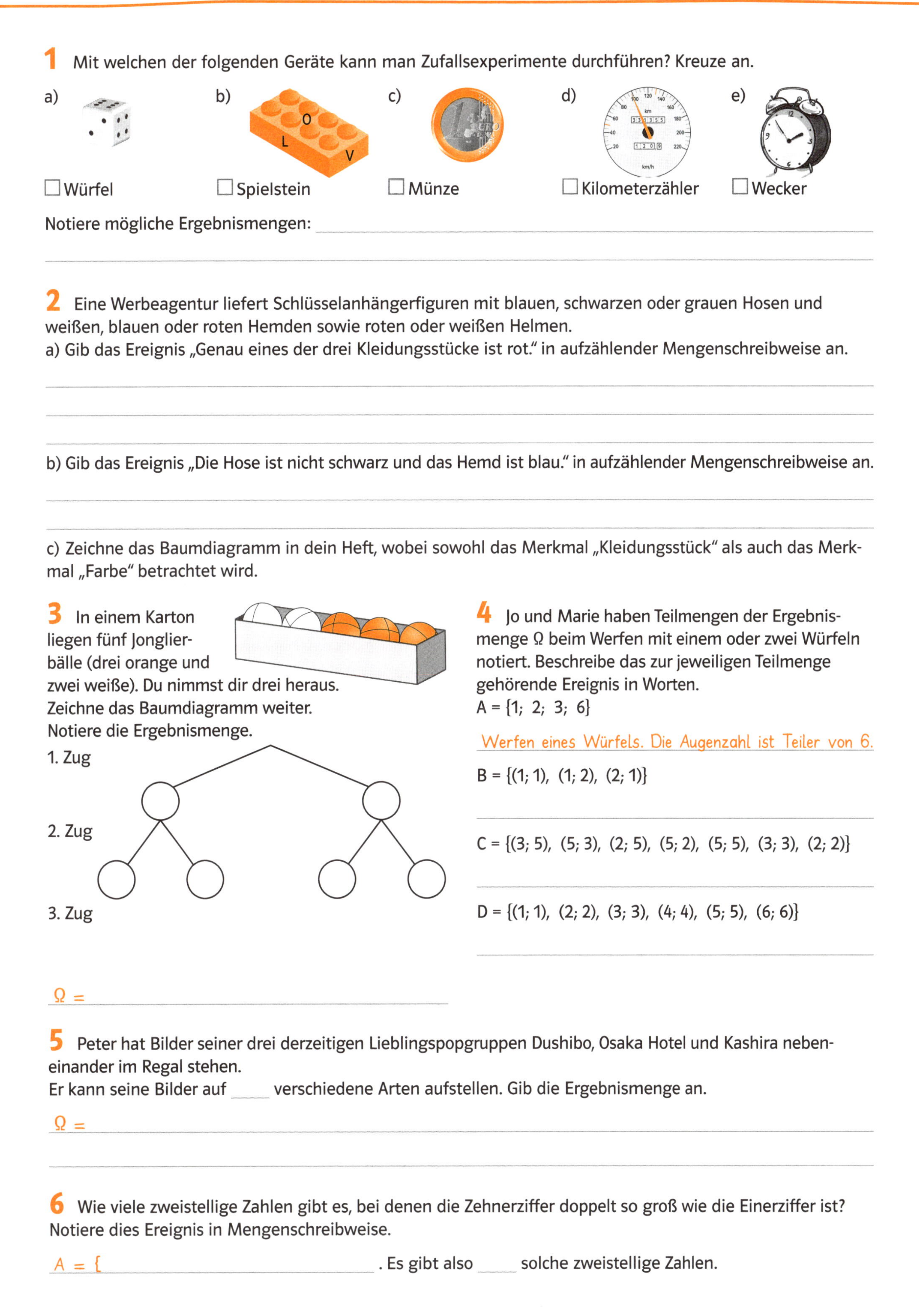

Ergebnismenge und Ereignis

1 Mit welchen der folgenden Geräte kann man Zufallsexperimente durchführen? Kreuze an.

a) ☐ Würfel b) ☐ Spielstein c) ☐ Münze d) ☐ Kilometerzähler e) ☐ Wecker

Notiere mögliche Ergebnismengen: ____________________

____

2 Eine Werbeagentur liefert Schlüsselanhängerfiguren mit blauen, schwarzen oder grauen Hosen und weißen, blauen oder roten Hemden sowie roten oder weißen Helmen.

a) Gib das Ereignis „Genau eines der drei Kleidungsstücke ist rot." in aufzählender Mengenschreibweise an.

____

____

____

b) Gib das Ereignis „Die Hose ist nicht schwarz und das Hemd ist blau." in aufzählender Mengenschreibweise an.

____

____

c) Zeichne das Baumdiagramm in dein Heft, wobei sowohl das Merkmal „Kleidungsstück" als auch das Merkmal „Farbe" betrachtet wird.

3 In einem Karton liegen fünf Jonglierbälle (drei orange und zwei weiße). Du nimmst dir drei heraus. Zeichne das Baumdiagramm weiter. Notiere die Ergebnismenge.

1. Zug

2. Zug

3. Zug

$\Omega =$ ____________________

4 Jo und Marie haben Teilmengen der Ergebnismenge Ω beim Werfen mit einem oder zwei Würfeln notiert. Beschreibe das zur jeweiligen Teilmenge gehörende Ereignis in Worten.

$A = \{1;\ 2;\ 3;\ 6\}$

Werfen eines Würfels. Die Augenzahl ist Teiler von 6.

$B = \{(1; 1),\ (1; 2),\ (2; 1)\}$

____

$C = \{(3; 5),\ (5; 3),\ (2; 5),\ (5; 2),\ (5; 5),\ (3; 3),\ (2; 2)\}$

____

$D = \{(1; 1),\ (2; 2),\ (3; 3),\ (4; 4),\ (5; 5),\ (6; 6)\}$

____

5 Peter hat Bilder seiner drei derzeitigen Lieblingspopgruppen Dushibo, Osaka Hotel und Kashira nebeneinander im Regal stehen.
Er kann seine Bilder auf ____ verschiedene Arten aufstellen. Gib die Ergebnismenge an.

$\Omega =$ ____________________

____

6 Wie viele zweistellige Zahlen gibt es, bei denen die Zehnerziffer doppelt so groß wie die Einerziffer ist? Notiere dies Ereignis in Mengenschreibweise.

$A = \{$ ____________________ . Es gibt also ____ solche zweistellige Zahlen.

1 Betrachte das Glücksrad. Pit, Ansgar und Nuri schließen vor dem Drehen des abgebildeten Glücksrades eine Wette ab.

Pit: „Ich wette, dass das Glücksrad bei Orange stehen bleibt."

Ansgar: „Die Chance ist bei Grau viel größer, ich wette auf Grau."

Nuri: „Ich setze auf Weiß."

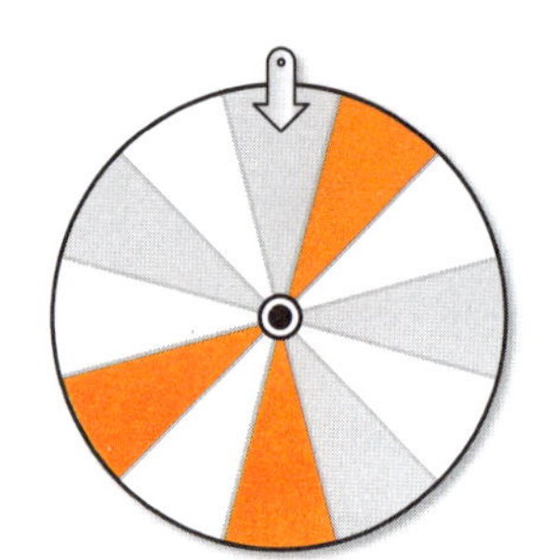

a) Hältst du die Wette von Pit, Nuri und Ansgar für fair?

____

b) Auf welches Feld würdest du wetten? Warum?

____

c) Wie müsste das Glücksrad gestaltet sein, damit alle die gleiche Chance haben? Zeichne ein.

d) Die Jungen probieren das obere Glücksrad aus und notieren sich die absoluten Häufigkeiten bei 100, 500 und 1000 Drehungen auf einzelne Zettel.
Kannst du die absoluten Häufigkeiten so in die Tabelle einordnen, wie sie mit hoher Wahrscheinlichkeit aufgetreten sind?

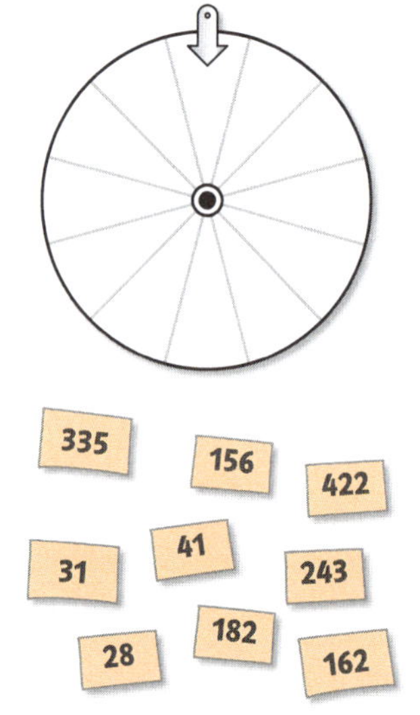

Anzahl der Drehungen		100	500	1000
Absolute Häufigkeit	Orange			
	Grau			
	Weiß			

2 Veronica sagt: „Um zu überprüfen, ob der abgebildete Würfel gezinkt ist, muss man Testreihen mit unterschiedlichen Anzahlen von Würfen durchführen."
Veronica probiert es aus und erhält die folgende Tabelle für die absoluten Häufigkeiten nach 20, 100, 450 Würfen.

a) Berechne die zugehörigen relativen Häufigkeiten auf drei Nachkommastellen genau und trage sie in die rechte Tabelle ein.

b) Geben die relativen Häufigkeiten einen Hinweis darauf, ob der Würfel gezinkt ist?

____

Gewürfelte Zahl		1	2	3	4	5	6	7	8
Anzahl der Würfe	20	3	1	4	4	2	1	4	1
	100	15	7	11	16	13	16	14	8
	450	52	51	62	60	62	56	52	55

Gewürfelte Zahl		1	2	3	4	5	6	7	8
Anzahl der Würfe	20								
	100								
	450								

3 Paul und Steffi spielen mit einer Sechskantmutter als Würfel. Sie vereinbaren:
Steffi gewinnt, wenn die Augenzahl kleiner als vier ist,
Paul gewinnt, wenn die Augenzahl größer als vier ist.

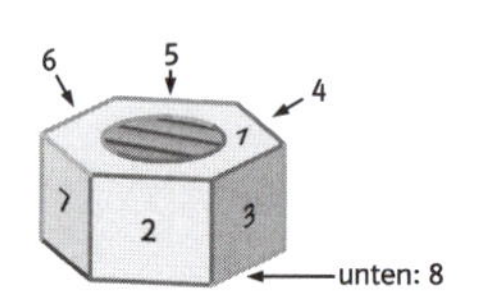

a) Wie sind die Gewinnchancen? Kreuze an:

☐ Steffi hat die größere Gewinnchance.
☐ Paul hat die größere Gewinnchance.
☐ Beide haben die gleiche Chance, das Spiel zu gewinnen.
☐ Man kann nicht sagen, wer die größere Chance hat.

b) Begründe deine Antwort. ______________________________

Laplace-Experimente

1 Wirft man eine Münze, dann liegt nach einem Wurf entweder Zahl (Z) oder Wappen (W) oben.
Die Münze wird dreimal hintereinander geworfen und das Ergebnis der Reihenfolge entsprechend notiert, z. B. (W; W; Z).

a) Handelt es sich um ein Laplace-Experiment? Begründe.

b) Notiere die Ergebnismenge Ω =

c) Mit welcher Wahrscheinlichkeit erhält man immer Zahl?

d) Mit welcher Wahrscheinlichkeit erhält man mindestens einmal Zahl?

2 Aus weißen Würfeln wird ein Turm gebaut. Dann werden alle außen liegenden Seitenflächen der Würfel wie abgebildet angemalt. Die unterste Schicht ist auch am Boden grau gefärbt. Zerlegt man den Körper in die angedeuteten kleinen Würfel, so haben diese orange, graue und/oder weiße Seitenflächen.

a) Wie viele Würfel befinden sich in der zweiten (dritten, vierten) Schicht?

b) Wie viele Würfel des Turms sind vollständig weiß?

c) Nun werden alle Würfel des Turms in eine Urne gelegt und gut durchgemischt.

- Wie groß ist die Wahrscheinlichkeit, einen Würfel mit nur einer einzigen weißen Seitenfläche zu ziehen?

- Wie groß ist die Wahrscheinlichkeit, einen Würfel mit genau vier grauen Flächen zu ziehen?

- Wie groß ist die Wahrscheinlichkeit, einen Würfel mit genau drei orangen Flächen zu ziehen?

3 In einer Urne befindet sich eine orange und eine graue Kugel. Man zieht zunächst eine Kugel, legt diese wieder zurück in die Urne und zieht dann noch einmal eine Kugel. Die Schüler sollen die Ergebnismenge und die Wahrscheinlichkeiten der Ergebnisse notieren.

Peter: Die Ergebnismenge enthält genau drei Ergebnisse:
(1) Beide Kugeln sind orange.
(2) Beide Kugeln sind grau.
(3) Beide Kugeln sind verschiedenfarbig.
Da es sich um ein Laplace-Experiment handelt, sind alle Ergebnisse gleich wahrscheinlich mit der Wahrscheinlichkeit $\frac{1}{3}$.

Tom: Die Ergebnismenge enthält drei mögliche Ergebnisse: (1) Beide Kugeln sind grau.
(2) Beide Kugeln sind orange.
(3) Beide Kugeln sind verschiedenfarbig.
Die Verschiedenfarbigkeit kann jedoch auf zwei Arten entstehen: Zuerst wird „Orange" gezogen, dann „Grau" oder umgekehrt zuerst „Grau", dann „Orange". Die Wahrscheinlichkeit ist deshalb für das Ergebnis (1) und (2) je $\frac{1}{4}$, für das Ergebnis (3) jedoch $\frac{1}{2}$. Es handelt sich nicht um ein Laplace-Experiment.

a) In einer der beiden Lösungen steckt ein Fehler. Suche und beschreibe ihn.

b) Klaus berücksichtigt die Reihenfolge der Kugeln bei der Ergebnismenge. Notiere seine Ergebnismenge und überprüfe damit die Laplace-Annahme.

Ω =

Wahrscheinlichkeit von Ereignissen bei Laplace-Experimenten

1 Färbe das Glücksrad entsprechend der Wahrscheinlichkeit in den Farben Rot, Gelb und Grün ein.

a) Die Wahrscheinlichkeit, dass der Zeiger auf Rot stehen bleibt, ist 66,$\overline{6}$%.

b) Die Wahrscheinlichkeit, dass der Zeiger auf Gelb stehen bleibt, ist 75%.

c) Die Wahrscheinlichkeit, dass der Zeiger auf Rot oder Grün stehen bleibt, ist 62,5%.

2 Wie groß ist die Wahrscheinlichkeit des Ereignisses und die des Gegenereignisses,

a) die Zahlen 1 oder 5 zu würfeln?

$\frac{1}{6} + \frac{1}{6} = \frac{2}{6} = \frac{1}{3}$

Gegenereignis: ______

b) die Zahlen 2, 4, 3 oder 5 zu würfeln?

______

Gegenereignis: ______

c) mit einem 12-seitigen Würfel eine Primzahl zu würfeln?

______

Gegenereignis: ______

d) bei dem Glücksrad eine 3 oder 4 zu drehen?

______

Gegenereignis: ______

e) bei dem Glücksrad eine Zahl, die größer als 5 ist, zu drehen?

______ Gegenereignis: ______

3 Hier siehst du einige Karten eines Kartenspiels. Die Karten werden gut gemischt. Dann wird eine Karte aufgedeckt. Hanno gewinnt, wenn die Zahl weder durch 2 noch durch 3 teilbar ist. Jörg gewinnt bei allen anderen Zahlen.

a) Notiere die Karten, bei denen Hanno gewinnt: ______

b) Bei diesen Karten gewinnt Jörg: ______

c) ______ hat die bessere Gewinnchance. Die Wahrscheinlichkeit beträgt für ihn ______.

4 In einem Gefäß befinden sich zwölf Kugeln. Die Hälfte der Kugeln ist gelb. Außerdem sind noch weiße und rote Kugeln enthalten. Es gibt zwei rote Kugeln mehr als weiße Kugeln.

a) Male die Kugeln entsprechend aus.

b) Die Wahrscheinlichkeit, eine rote Kugel zu ziehen, nachdem bereits eine rote Kugel gezogen und nicht zurückgelegt worden ist, beträgt ______.

c) Es wurden bereits alle weißen Kugeln und eine rote Kugel gezogen. Wie groß ist die Wahrscheinlichkeit, beim nächsten Zug eine andere rote Kugel zu ziehen? ______.

1 Bernd hat zum Geburtstag eine Spielkonsole bekommen. Er besitzt drei Spiele.
a) Er möchte zwei Spiele mit seinem Freund spielen. Notiere alle Möglichkeiten, nacheinander zwei der drei Spiele zu spielen.

b) Wie viele Möglichkeiten gibt es, wenn sie für das zweite Spiel auch das schon gespielte auswählen können?

c) Bernds Onkel schenkt ihm zu seinen drei vorhandenen noch vier neue Spiele dazu. Wie viele Möglichkeiten hat Bernd nun, nacheinander drei Spiele zu spielen, ohne ein Spiel mehrfach zu spielen?

2 In einer Kiste liegen sechs Kugeln, auf die die Zahlen 1 bis 6 gedruckt sind. Es werden zwei Kugeln hintereinander gezogen, ohne sie wieder zurückzulegen. Notiere alle günstigen Ergebnisse für die folgenden Ereignisse und berechne die Wahrscheinlichkeiten für diese Ereignisse.
a) Beide Kugeln zeigen eine gerade Zahl.

b) Die Summe der Zahlen auf den beiden Kugeln ist gerade.

c) Die Summe der Zahlen auf den beiden Kugeln ist ungerade. (Berechne hier direkt die Wahrscheinlichkeit, ohne die günstigen Ergebnisse zu notieren!).

3 Peter besitzt für sein Fahrrad ein Zahlenschloss, bei dem man vierstellige Zahlen aus den Ziffern 0 bis 9 bilden kann. Leider hat er seine Zahlenkombination vergessen. Jetzt will er systematisch alle in Frage kommenden Einstellungen des Schlosses ausprobieren. Nimm an, dass er pro Zahlenkombination fünf Sekunden benötigt. Gib das Ergebnis jeweils in der größtmöglichen Zeiteinheit (d, h, min, s) an. Wie lange braucht er, um
a) alle Kombinationen zu testen?

b) alle Kombinationen zu testen, bei denen die erste Ziffer eine 4 und die letzte Ziffer eine ungerade Zahl ist?

4 Die Pinwand der Klasse ist in 24 Quadrate eingeteilt. Hier sollen die 24 Schüler der Klasse ihre Handouts für ihr gelesenes Buch präsentieren. Berechne die Wahrscheinlichkeit, dass sich das Handout von Silke

a) am Rand befindet: ______ ,

b) nicht am Rand befindet: ______ .

c) Wie viele Anordnungsmöglichkeiten gibt es noch für die Handouts der Jungen, nachdem alle 16 Mädchen bereits ihre Handouts am gesamten Rand der Pinwand aufgehängt haben?

Fülle die Lücken. Für jeden Buchstaben findest du einen Strich. Löse dann die Beispielaufgaben.

Ergebnismenge

Fasst man alle möglichen Ergebnisse $\omega_1, \omega_2, \omega_3, \dots$ eines Zufallsexperiments in einer Menge zusammen, so spricht man von der Ergebnismenge Ω.

- Beim Backgammon-Würfel zeigt jede Würfelfläche Potenzen von 2 an. Notiere die Ergebnismenge.

Ω = ____________

Ereignis und Teilmenge

A heißt _ _ _ _ _ _ _ _ _ _ von Ω, wenn jedes Element von A auch in Ω enthalten ist. Jede Teilmenge A der Ergebnismenge Ω eines Zufallsexperiments nennt man Ereignis. Das Ereignis A ist dann

_ _ _ _ _ _ _ _ _ _ _ _, wenn bei der Durchführung des Experimentes ein Ergebnis aus A auftritt.

- Das Ereignis A beim obigen Backgammon-Würfel sei „Augenzahl ist größer als 8“.

A = {____________}

Das Ereignis tritt ein, wenn ______, ______ oder ______ gewürfelt wird. Es gilt: $A \subset \Omega$ da

{____________} ⊂ {____________}

Gegenereignis

Alle Ergebnisse von Ω, die nicht in A notiert sind, gehören zum Gegenereignis $\overline{A}$. Es gilt: $\overline{A} = \Omega \setminus A$.

- Gib das Gegenereignis zu A „Augenzahl ist größer als 8“ für den obigen Würfel an. $\overline{A}$ = {________}

Relative Häufigkeit und Wahrscheinlichkeit

Die _ _ _ _ _ _ _ _ Häufigkeit H(A) eines Ereignisses A ist die Summe der absoluten Häufigkeiten der zu diesem Ereignis gehörenden Ergebnisse. Wird das Experiment n-mal durchgeführt, so ist

die _ _ _ _ _ _ _ _ Häufigkeit $h(A) = \frac{H(A)}{n}$. Mit steigendem n nähert sie sich der Wahrscheinlichkeit P(A) an. Die Wahrscheinlichkeit P(A) liegt immer

zwischen _ _ _ _ und _ _ _ _.

- Für das abgebildete Glücksrad mit den farbigen Sektoren erhielt man folgende Verteilung:

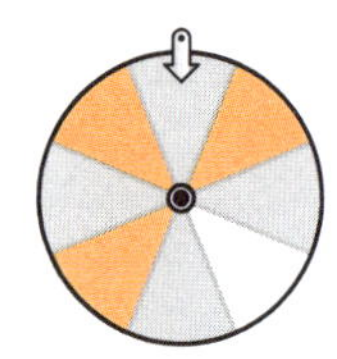

Ergebnis	orange	weiß	grau
absolute Häufigkeit	373	129	498
relative Häufigkeit	$\frac{373}{1000}$	$\frac{129}{1000}$	$\frac{498}{1000}$
Wahrscheinlichkeit	0,373	0,129	0,498

Laplace-Experimente und ihre Wahrscheinlichkeit

Wenn bei einem Zufallsexperiment alle Ergebnisse

_ _ _ _ _ _ wahrscheinlich sind, spricht man von

einem _ _ _ _ _ _ _-Experiment. Bei n Ergebnissen hat jedes Ergebnis die Wahrscheinlichkeit $\frac{1}{n}$. Die Wahrscheinlichkeit P(A) eines Ereignisses A erhält man,

indem man die Anzahl der für A _ _ _ _ _ _ _ _ _ _

Ergebnisse durch die _ _ _ _ _ _ _ _ _ _ _

der möglichen Ergebnisse dividiert. $P(A) = \frac{|A|}{|\Omega|}$

- Das Ereignis A beim Glücksrad ist: „Zahl ist gerade“

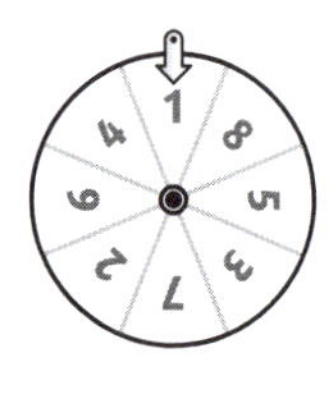

Ω = { 1; ____________}

A = {____________}

$P(A) = \frac{|A|}{|\Omega|} =$ ____________

- Das Ereignis B beim Glücksrad ist: „Zahl ist kleiner 4“

B = {________} $P(B) = \frac{|B|}{|\Omega|} =$ ____________

Zählprinzip

Zieht man aus k verschiedenen Mengen mit $m_1, m_2, \dots m_k$ unterscheidbaren Elementen jeweils ein Element, so gibt es insgesamt $m_1 \cdot m_2 \cdot \dots \cdot m_k$ Möglichkeiten.

- Das obige Zahlen-Glücksrad wird zweimal gedreht. Gesucht ist die Wahrscheinlichkeit von C: „Zuerst eine gerade Zahl, dann eine Zahl kleiner 4.“

Anzahl der möglichen Ergebnisse: ________ = ______

Anzahl der günstigen Ergebnisse: ________ = ______

P(C) = ______ = ______

1 Die Tabelle gehört zu einer proportionalen Zuordnung. Ergänze.

a)

x	2,5	0,5	1	0,1	
y	16				0,5

b)

x	1,1	0,4	1	0,1	
y	12,1				0,33

2 Für ihr Schultheater stellen Frida und Vitalij jeweils 72 Stühle in gleich großen Stuhlreihen auf.

a) Welche Möglichkeiten haben sie? Vervollständige die Tabelle.

Anzahl der Stühle pro Reihe					
Anzahl der Reihen					

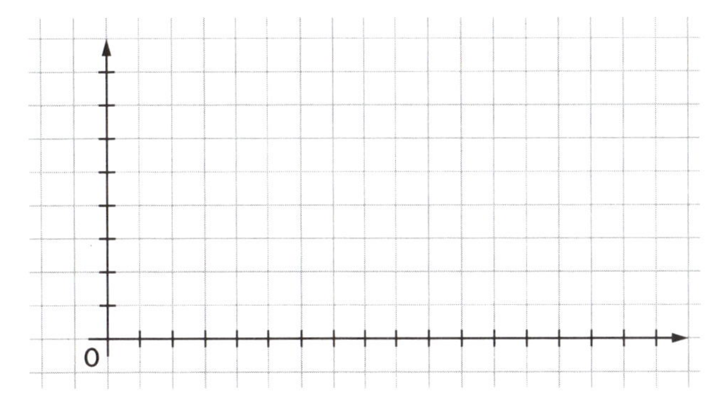

b) Die Zuordnungsvorschrift lautet:

$x \mapsto$ ____________

c) Lege auf den beiden Achsen geeignete Einheiten fest und zeichne den Graphen der Zuordnung.

Der Graph ist eine ______________________________ .

3 a) Zum Leerpumpen eines Schwimmbeckens, das 2000 m³ Wasser fasst, benötigt Pumpe A acht Stunden. Ergänze die Werte für Pumpe A in der Tabelle.
b) Zeichne den Graphen für Pumpe A.
c) Mit Pumpe B kann das Schwimmbad in vier Stunden geleert werden. Trage die Werte in die Tabelle ein und zeichne den Graphen.

Füllung (in m³)	Zeit Pumpe A (in h)	Zeit Pumpe B (in h)
2000	0	0
1500		
1000		
500		
0		

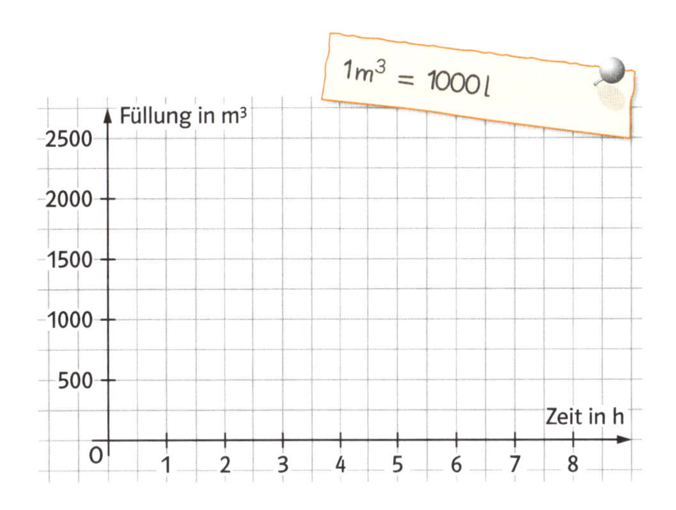

d) Zunächst wird Pumpe B angeschlossen, sie schafft pro Stunde ____________ Liter. Nach einer Stunde wird Pumpe A zusätzlich angeschlossen, die pro Stunde ____________ Liter abpumpt. Auf diese Weise ist das Bad nach ________ Stunden leer gepumpt. Zeichne den Graphen.

4 Lisa hat Nullstellen zu verschiedenen Funktionen bestimmt. Ordne die Kärtchen zu.

$x_1 = 2$ und $x_2 = -2$

$a: x \mapsto \frac{4}{5} \cdot x$

$x_1 = 1{,}25$

$x_1 = 0{,}8$

$e: x \mapsto 5x - 4$

$c: x \mapsto -3x^2 + 3$

$b: x \mapsto x^2 - 4$

$x_1 = 0$

$x_1 = 1$ und $x_2 = -1$

$d: x \mapsto -4x + 5$

5 Löse die Gleichung rechnerisch.

a) $0{,}2x - 2 = 5$

b) $5 = 2 - 6x$

c) $(x - 2) \cdot 5 = 30$

d) $\frac{5}{8}x + 4 = -3$

1 Die Summe zweier Zahlen beträgt sechs. Addiert man zum Doppelten der ersten Zahl das Fünffache der zweiten Zahl, so erhält man null.
Stelle das Gleichungssystem auf und löse es mit dem Additionsverfahren.

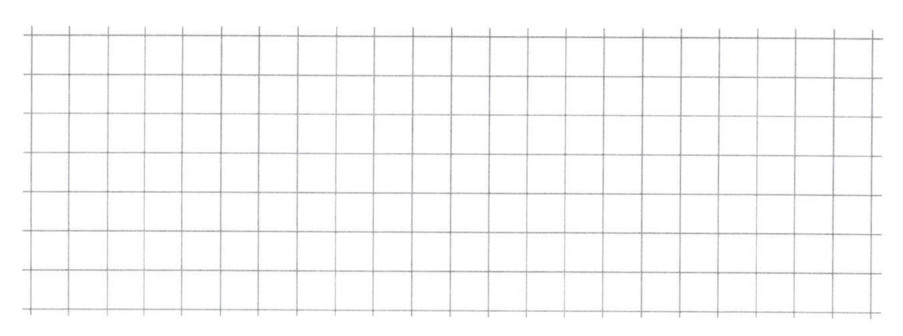

2 Jeweils zwei lineare Gleichungen und ein Zahlenpaar bilden zusammen ein lineares Gleichungssystem mit Lösung. Verbinde je drei zusammengehörende Kärtchen.

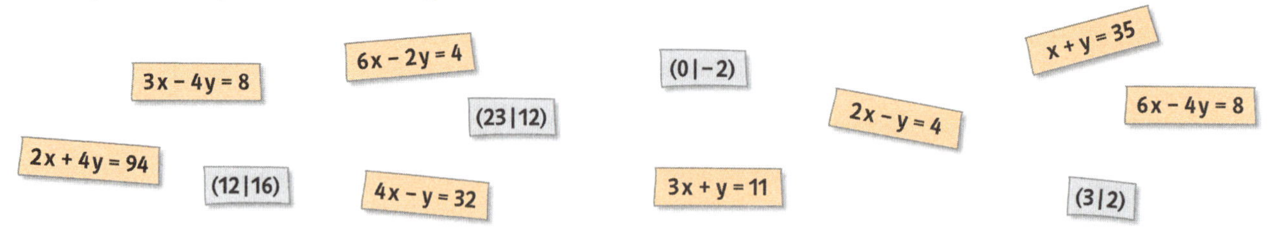

3 Verändere jeweils eine der beiden Gleichungen des linearen Gleichungssystems an einer Stelle so, dass es

a) unendlich viele Lösungen gibt.
(I): $y = 2{,}5x + 3$
(II): $y = 2{,}5x - 5$

b) keine Lösung gibt.
(I): $y = -\frac{2}{3}x - 4$
(II): $y = 2x - 4$

c) genau eine Lösung gibt.
(I): $1{,}2y = 6{,}3x + 5{,}1$
(II): $0{,}4y = 2{,}1x + 1{,}7$

4 Christian möchte sich ein Eis mit drei Kugeln kaufen. Wie viele Wahlmöglichkeiten hat er, wenn er

a) dreimal die gleiche Sorte aussucht? Notiere alle Möglichkeiten:
(V; V; V), ____________________ .
Es gibt also insgesamt ______ Möglichkeiten.

b) drei unterschiedliche Sorten aussucht ____________________

Es gibt ______ Möglichkeiten.

5 Rechts siehst du das Bild eines Tangrams. Nimm an, dass das Tangram die Seitenlänge 10 cm besitzt. Stell dir vor, du wirfst mit einem Dartpfeil ohne zu zielen auf das Tangram. Mit welcher Wahrscheinlichkeit trifft der Pfeil

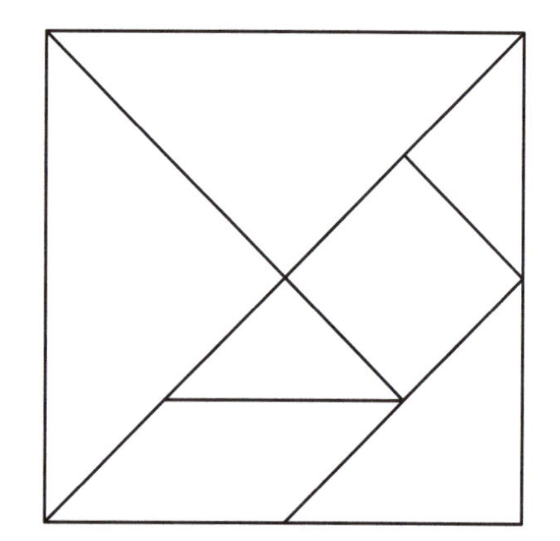

a) das kleine Quadrat ____________________ ,

b) eines der beiden großen Dreiecke links oder oben ____________________ ,

c) das Parallelogramm ____________________ oder

d) kein Dreieck ____________________ ?

Eigenschaften gebrochen rationaler Funktionen (1)

1 Gib die maximale Definitionsmenge der Funktion an.

a) $f: x \mapsto \frac{3}{x-2}$ b) $g: x \mapsto \frac{4x}{2x+4}$ c) $h: x \mapsto \frac{2x^2}{(x-1)\cdot(x+1)}$ d) $k: x \mapsto \frac{2-x}{(x+2)(x-3)}$

$D_f = \mathbb{Q}\setminus\{$ ______ $\}$ $D_g = \mathbb{Q}\setminus\{$ ______ $\}$ $D_h = \mathbb{Q}\setminus\{$ ______ $\}$ $D_k = \mathbb{Q}\setminus\{$ ______ $\}$

2 Ordne den Funktionsgraphen jeweils die richtige Funktion aus Aufgabe 1 zu.

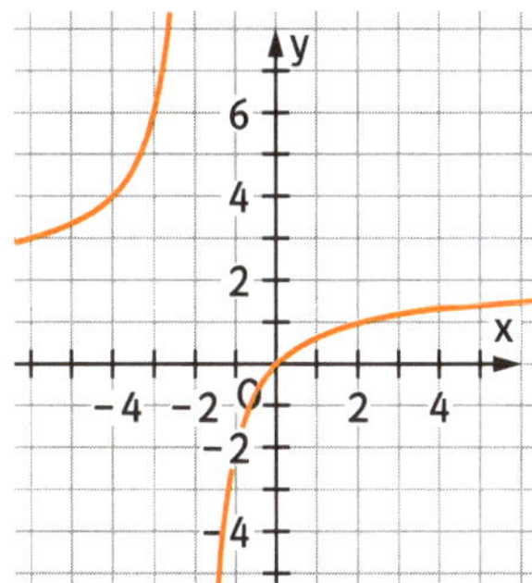

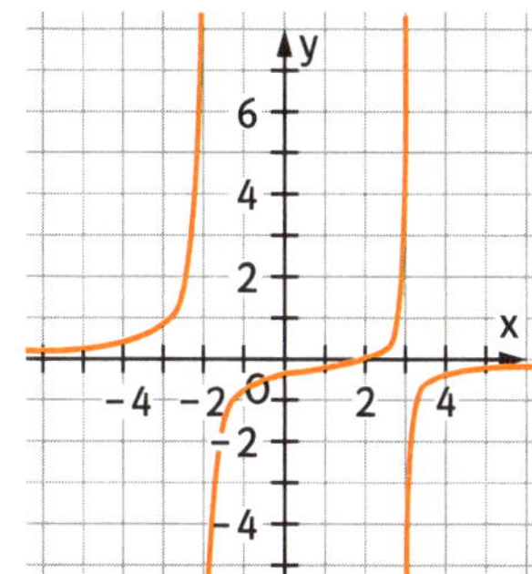

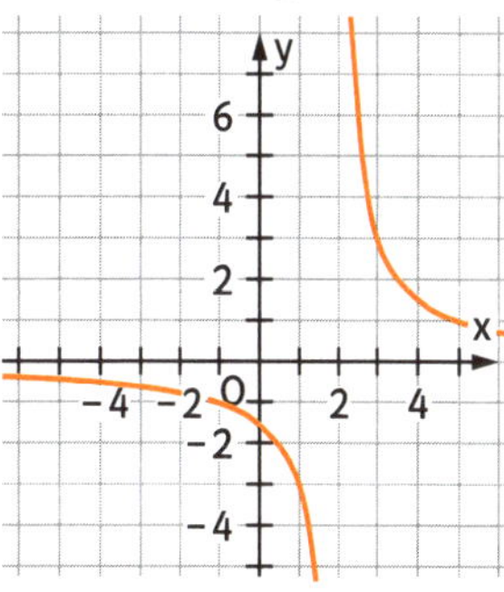

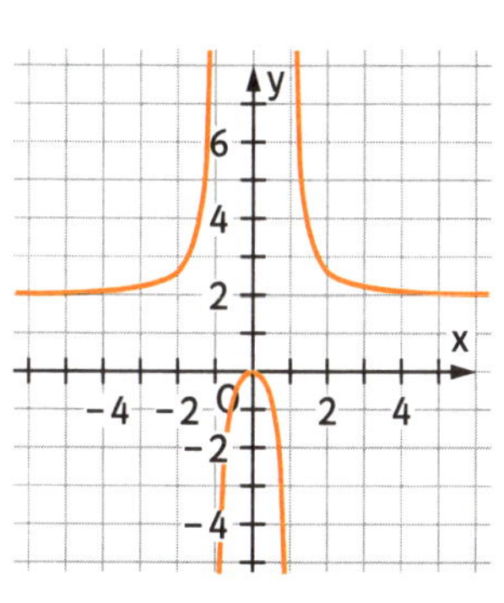

Graph A ↦ ______ Graph B ↦ ______ Graph C ↦ ______ Graph D ↦ ______

3 Gib zu den Graphen aus Aufgabe 2 alle Gleichungen waagerechter und senkrechter Asymptoten an.

A: ______ B: ______ C: ______ D: ______

4 Gib anhand der Funktionen die Gleichungen der Asymptoten an und skizziere den Graphen mithilfe der Asymptoten sowie einiger geeigneter Funktionswerte.

a) $f: x \mapsto \frac{2}{x+3}$

Asymptoten:

x = ______ y = ______

f(−4) = ___ ; f(−2) = ___

b) $f: x \mapsto \frac{x}{x-2}$

Asymptoten:

x = ______ y = ______

f(1) = ___ ; f(___) = ___

c) $f: x \mapsto \frac{3}{x\cdot(x+2)}$

Asymptoten: x = ______

x = ______ y = ______

f(−3) = ___ ; f(___) ___

d) $f: x \mapsto \frac{3}{x^2}$

Asymptoten:

x = ______ y = ______

f(___) = ___ ; f(___) = ___

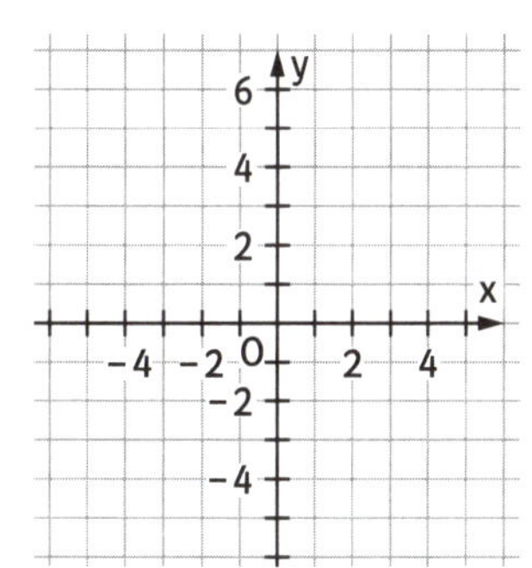

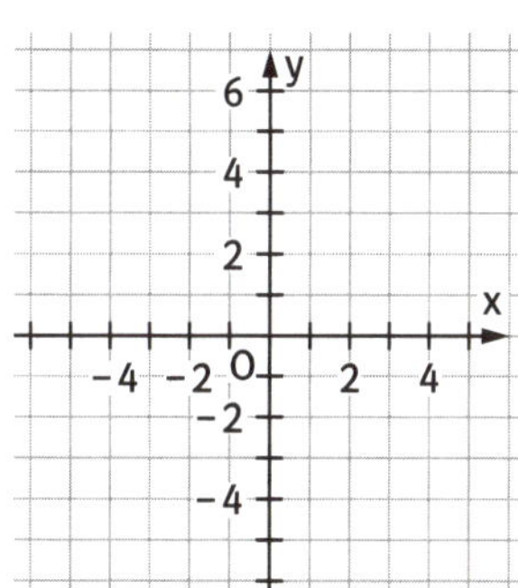

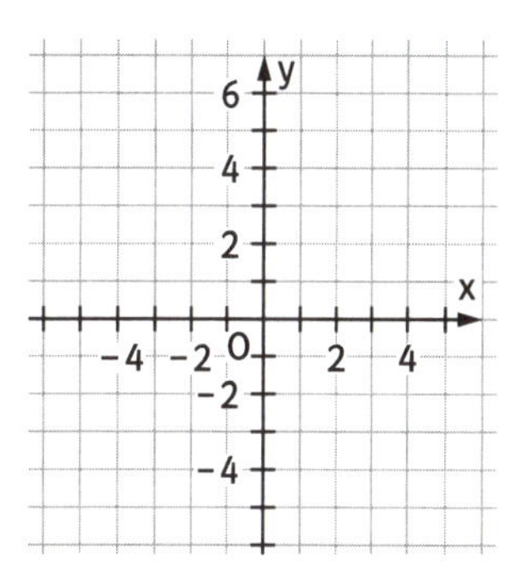

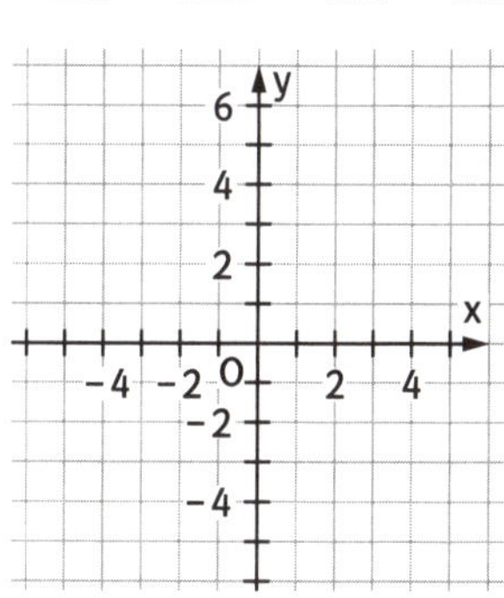

5 Ordne die Funktionen den richtigen Steckbriefen zu.

$f: x \mapsto \frac{1}{(x-1)\cdot(x+1)}$ $g: x \mapsto \frac{x^2}{(x-1)\cdot(x+1)}$ $h: x \mapsto \frac{2}{(x-1)^2}$ $k: x \mapsto \frac{2x^2}{(x+1)^2}$

Der Graph der gesuchten Funktion hat eine senkrechte Asymptote bei x = 1 und eine waagerechte Asymptote bei y = 0. Der Funktionswert an der Stelle 0 beträgt −1. Es muss demnach die Funktion ______ sein.

Der Graph der gesuchten Funktion hat eine senkrechte Asymptote bei x = −1 und eine waagerechte Asymptote bei y = 2. Der Funktionswert an der Stelle 1 beträgt 0,5. Es handelt sich um die Funktion ______ .

Der Graph der gefragten Funktion hat zwei senkrechte Asymptoten und eine waagerechte Asymptote. Die waagerechte Asymptote wird nicht durch die Gleichung y = 0 beschrieben. Es ist die Funktion ______ .

Die Funktionswerte der gesuchten Funktion sind alle positiv. Es gibt zwei Asymptoten, von denen die eine durch die Gleichung y = 0 beschrieben wird. Die zugehörige Funktion trägt den Namen ______ .

Eigenschaften gebrochen rationaler Funktionen (2)

1 Ordne die Funktionsgraphen den Funktionen zu.

A | f: $x \mapsto \frac{2}{x+3}$

B | f: $x \mapsto \frac{3}{x-2}$

C | f: $x \mapsto \frac{x-3}{2x+3}$

D | f: $x \mapsto \frac{2x-3}{(x+3)(x-2)}$

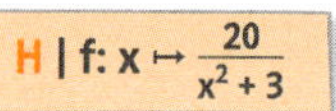

E | f: $x \mapsto \frac{0{,}5x^2}{x-2}$

F | f: $x \mapsto \frac{3x^2}{(x+3)(x-2)}$

G | f: $x \mapsto \frac{2x^2-3}{(x+3)^2}$

H | f: $x \mapsto \frac{20}{x^2+3}$

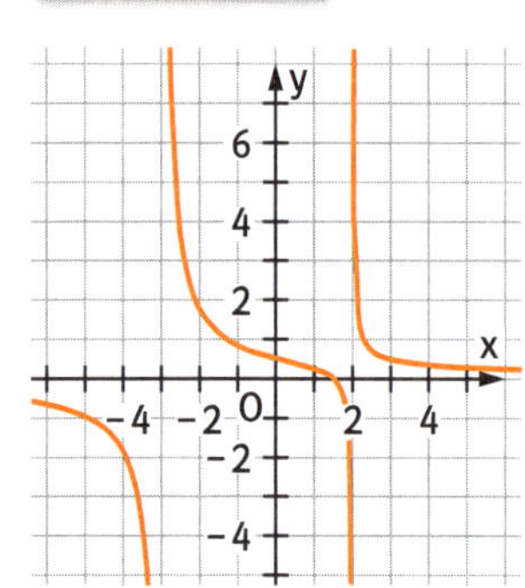

Graph zu Kärtchen ____

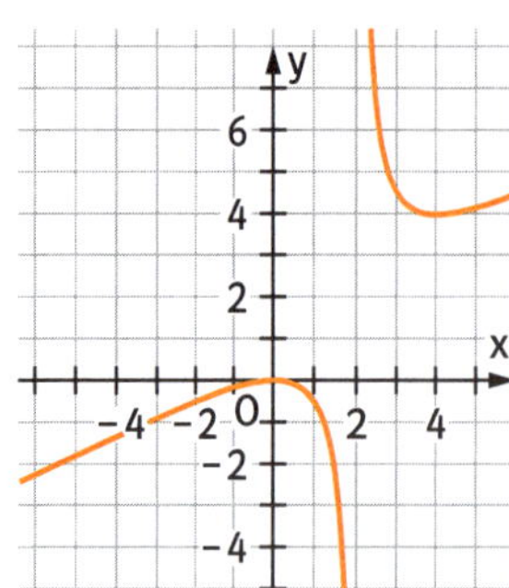

Graph zu Kärtchen ____

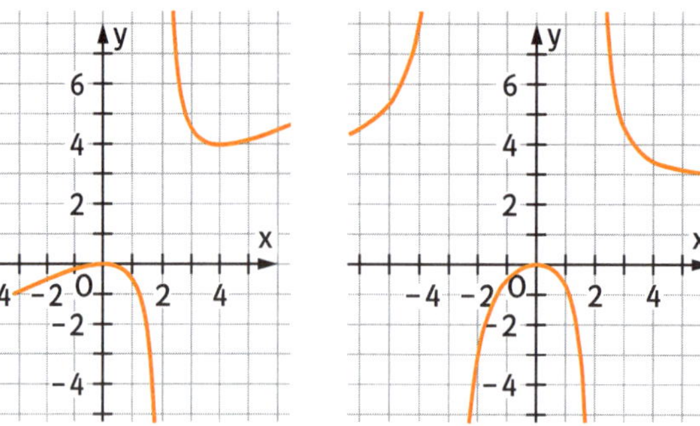

Graph zu Kärtchen ____

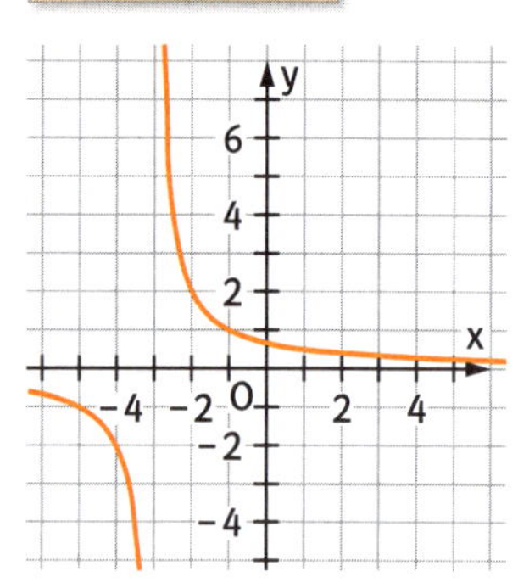

Graph zu Kärtchen ____

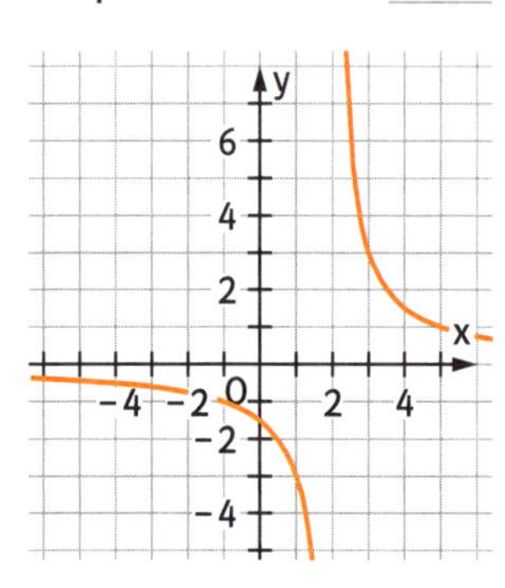

Graph zu Kärtchen ____

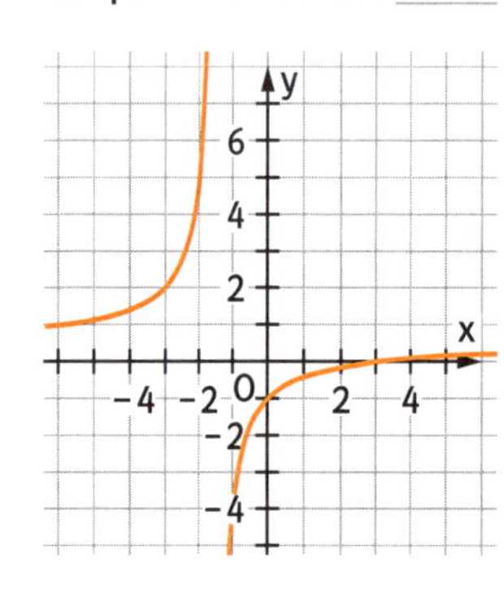

Graph zu Kärtchen ____

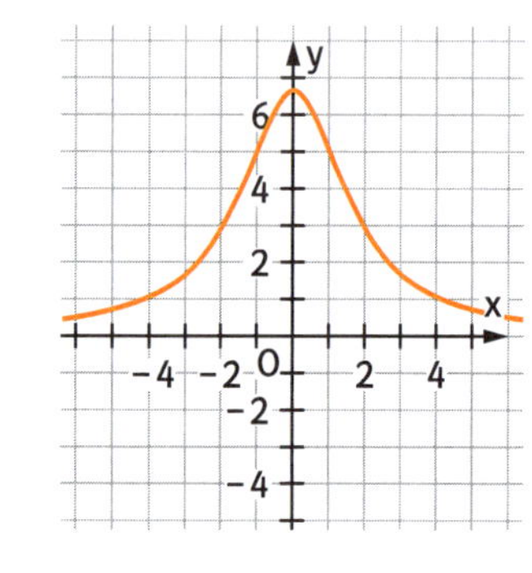

Graph zu Kärtchen ____

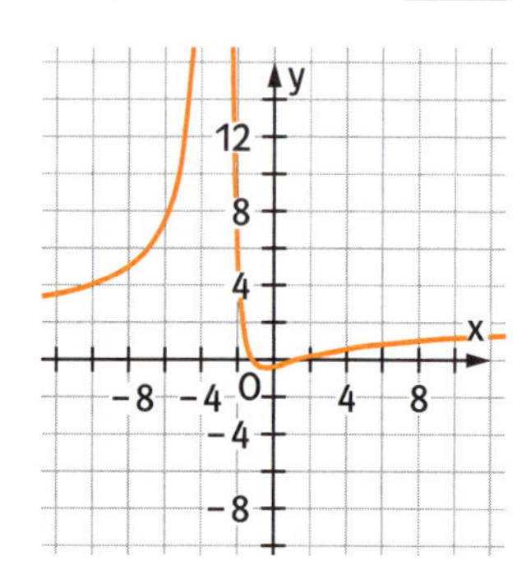

Graph zu Kärtchen ____

2 Gib die Definitionsmenge an und fülle die Wertetabelle aus. Benenne dann die Asymptoten und skizziere den Graphen der Funktion. Zeichne schließlich vorhandene Asymptoten farbig und gestrichelt ein.

a) f: $x \mapsto \frac{1}{(x+2)^2}$ $D_f = \mathbb{Q}\setminus\{$ ____ $\}$

x	−4	−3	−2,5	−1,5	−1	−0,5	0	1
y								

Asymptoten: y = ____ ; x = ____

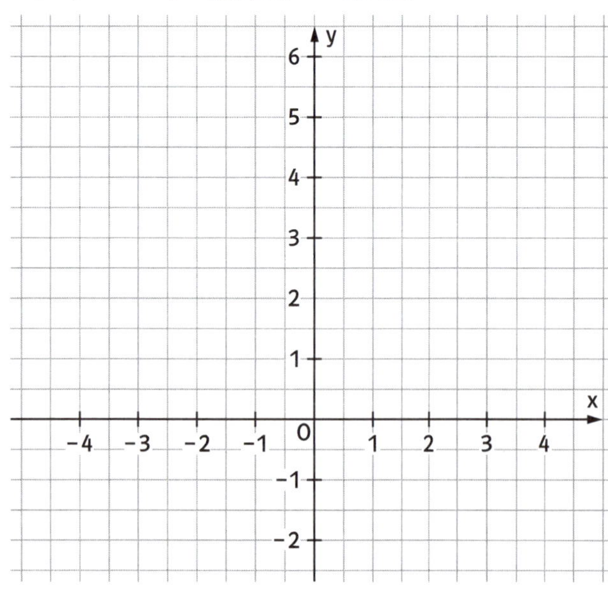

b) g: $x \mapsto \frac{2x}{(x+2)\cdot(x-3)}$ $D_g = \mathbb{Q}\setminus\{$ ____ $\}$

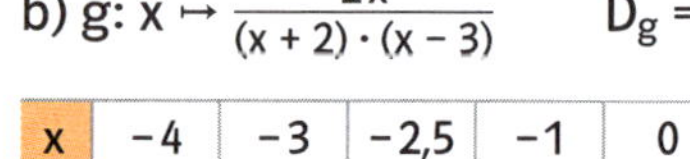

x	−4	−3	−2,5	−1	0	1	2	4	5
y									

Asymptoten: y = ____ ; x = ____ ; x = ____

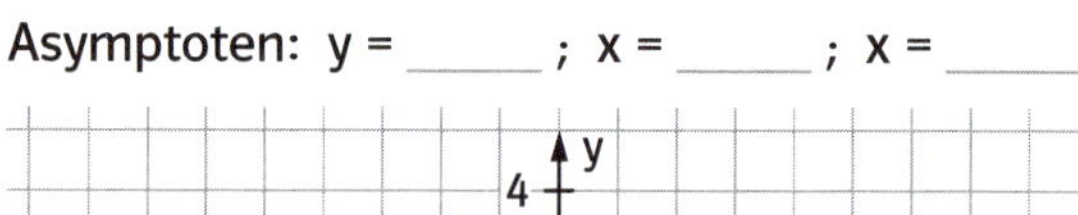

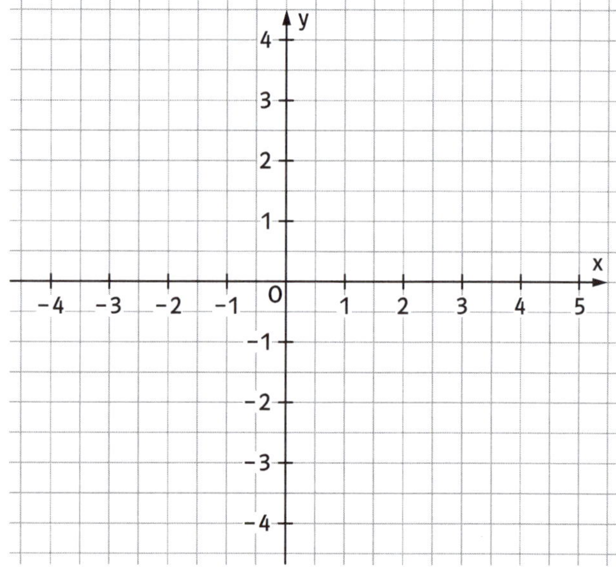

Rechnen mit Bruchtermen (1)

1 Vereinfache soweit wie möglich.

a) $\frac{23x}{69x} =$ ______ b) $\frac{4 \cdot (x-1)}{(1-x) \cdot 2} =$ ______ c) $\frac{x \cdot (x-1)}{4x-4} =$ ______ d) $\frac{3x-2}{4-6x} =$ ______

2 Erweitere den Bruchterm mit dem angegebenen Term und vereinfache möglichst weit.

a) Erweitere mit $(x-1)$:

$\frac{x}{x-1} = \frac{x(x-1)}{(x-1)(x-1)}$

$= \frac{x^2 - x}{\_\_\_\_} = \frac{x^2 - x}{\_\_\_\_}$

b) Erweitere mit $(x+2)$:

$\frac{x-1}{x+1} =$ ______

$=$ ______

c) Erweitere mit $(x-3)$:

$\frac{x-1}{x+1} =$ ______

$=$ ______

d) Erweitere mit $(4-x)$:

$\frac{(4+x)}{x^2} =$ ______

$=$ ______

3 Bestimme den fehlenden Nenner. Überlege zuerst, mit welchem Term erweitert wurde.

a) $\frac{x}{x-4} = \frac{x^2 + x}{\_\_\_\_}$ Erweitert mit ______

b) $\frac{x-5}{2x} = \frac{15x - 3x^2}{\_\_\_\_}$ Erweitert mit ______

c) $\frac{12x}{x+2} = \frac{3x^2 - 36x}{\_\_\_\_}$ Erweitert mit ______

d) $\frac{2x-3y}{5y+x} = \frac{9y^2 - 6xy}{\_\_\_\_}$ Erweitert mit ______

4 Finde alle Fehler und führe die Termumformung daneben korrekt aus.

a) $\frac{2}{x+1} - \frac{x}{x-1} = \frac{2(x-1)}{(x+1)(x-1)} - \frac{x \cdot (x+1)}{(x-1)(x+1)}$

$= \frac{2x - 2 - x^2 + x}{x^2 + x - x + 1} = \frac{3x - 2 - x^2}{x^2 + 1} = \frac{3x - 2 - 1}{1}$

$= 3x - 3$

b) $\frac{1}{2x-1} + \frac{1}{x-2} = \frac{x-2}{(2x-1)(x-2)} + \frac{2x-x}{(x-2)(2x-1)}$

$= \frac{x - 2 + 2x - x}{2x^2 - 4x + x - 2} = \frac{-2}{2x^2 - 3x - 2}$

c) $\frac{x}{2x+2} \cdot \frac{x+1}{x} = \frac{x \cdot (x+1)}{(2x+2) \cdot x} = \frac{x^2 + x}{2x^2 + 2x} = \frac{x^2}{2x^2} + \frac{x}{2x}$

$= \frac{1}{2} + \frac{1}{2} = 1$

d) $(x-1) : \frac{2x}{(x+1)} = (x-1) \cdot \frac{x+1}{2x} = \frac{(x-1)(x+1)}{(x-1) \cdot 2x}$

$= \frac{x^2 + 1}{2x^2 - 2x} = \frac{x^2 + 1}{2(x^2 + 1)} = \frac{1}{2}$

1 Fülle die Lücken mit den richtigen Zahlen.

a) $\frac{2x^2}{x-2} + \frac{x}{x+2} = \frac{2x^3 + \square x^2}{x^2 - \square} + \frac{x^2 - 2x}{x^2 - \square} = \frac{2x^3 + \square x^2 - \square x}{x^2 - \square}$

b) $\frac{x+3}{x-4} \cdot \frac{2x-8}{3x+9} = \frac{(x+3) \cdot \square \cdot (x-4)}{(x-4) \cdot \square \cdot (x+3)} = \frac{\square}{\square}$

c) $\frac{2x+5}{x-3} - \frac{5x-2}{x} = \frac{2x^2+5x}{x^2 - \square x} - \frac{5x^2 - \square x + 6}{x^2 - \square x} = \frac{\square x^2 + \square x - 6}{x^2 - \square x}$

d) $\frac{2x-10}{3x+5} : \frac{x-5}{5x+3} = \frac{2 \cdot (x - \square)}{3x+5} \cdot \frac{5x+3}{x - \square} = \frac{10x + \square}{3x + \square}$

2 Schreibe neben jeden Schritt der durchgeführten Termumformungen eine passende Beschreibung (siehe Kärtchen).

Brüche subtrahieren | Brüche multiplizieren | Brüche addieren | Zusammenfassen | Faktorisieren des Nenners | Ausmultiplizieren | Kürzen | Brüche multiplizieren | Ausmultiplizieren und zusammenfassen | Auf Hauptnenner bringen | (−1) ausklammern | Zusammenfassen | Ausmultiplizieren und zusammenfassen | Mit dem Kehrwert multiplizieren

$$\frac{2x}{x+2} + \frac{3x}{3x+6}$$
$$= \frac{2x}{x+2} + \frac{3x}{3 \cdot (x+2)}$$
$$= \frac{2x}{x+2} + \frac{x}{x+2}$$
$$= \frac{2x+x}{x+2}$$
$$= \frac{3x}{x+2}$$

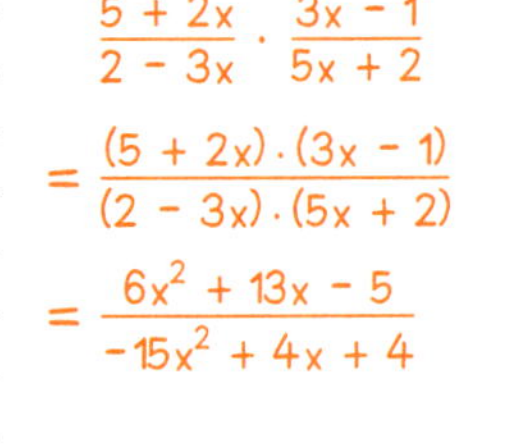

$$\frac{5+2x}{2-3x} \cdot \frac{3x-1}{5x+2}$$
$$= \frac{(5+2x) \cdot (3x-1)}{(2-3x) \cdot (5x+2)}$$
$$= \frac{6x^2+13x-5}{-15x^2+4x+4}$$

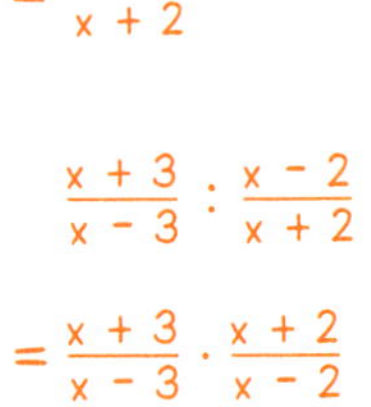

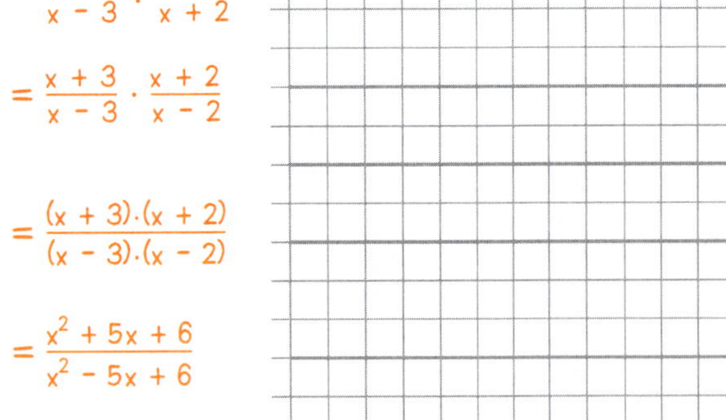

$$\frac{x+3}{x-3} : \frac{x-2}{x+2}$$
$$= \frac{x+3}{x-3} \cdot \frac{x+2}{x-2}$$
$$= \frac{(x+3) \cdot (x+2)}{(x-3) \cdot (x-2)}$$
$$= \frac{x^2+5x+6}{x^2-5x+6}$$

$$\frac{x-2}{x+4} - \frac{2x}{x+2}$$
$$= \frac{(x-2)(x+2)}{(x+4)(x+2)} - \frac{(x+4) \cdot 2x}{(x+4)(x+2)}$$
$$= \frac{x^2-2x+2x-4}{(x+4)(x+2)} - \frac{2x^2+8x}{(x+4)(x+2)}$$
$$= \frac{x^2-2x+2x-4-2x^2-8x}{(x+4)(x+2)}$$

$$= \frac{-x^2-8x-4}{x^2+6x+8}$$
$$= -\frac{x^2+8x+4}{x^2+6x+8}$$

3 a) Ergänze die Termumformung.

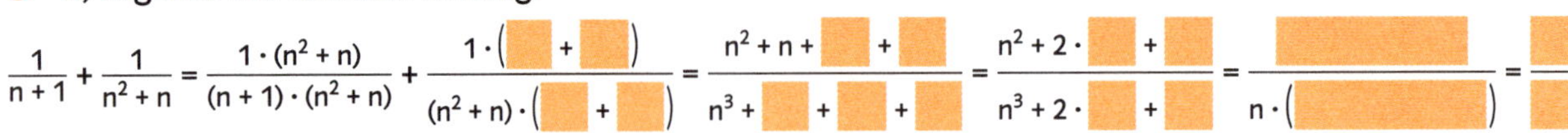

$$\frac{1}{n+1} + \frac{1}{n^2+n} = \frac{1 \cdot (n^2+n)}{(n+1) \cdot (n^2+n)} + \frac{1 \cdot (\square + \square)}{(n^2+n) \cdot (\square + \square)} = \frac{n^2+n+\square+\square}{n^3+\square+\square+\square} = \frac{n^2+2 \cdot \square + \square}{n^3+2 \cdot \square + \square} = \frac{\square}{n \cdot (\square)} = \frac{\square}{\square}$$

b) Vereinfache auf ähnliche Weise. $\frac{1}{n} - \frac{1}{n+1} =$ __________

Negative Exponenten

1 Markiere die Karten mit demselben Wert.

$\frac{50}{10^3}$ | $5 \cdot 10^2$ | $\frac{5}{100}$ | $5 \cdot 10^{-3}$ | $0{,}5 \cdot 10^{-2}$ | $\frac{5}{10^5} \cdot 10^3$ | $5 : 10^2$ | $0{,}5 \cdot 10^3$ | $\frac{5}{1000}$ | $0{,}005$

2 Schreibe dezimal.

a) $7{,}34 \cdot 10^7 =$ ______ b) $2{,}9 \cdot 10^{-3} =$ ______ c) $1052 \cdot 10^{-5} =$ ______

d) $62 \cdot 10^4 =$ ______ e) $0{,}41 \cdot 10^5 =$ ______ f) $507 \cdot 10^{-6} =$ ______

3 Ergänze die Tabelle.

		Übersetzung der Vorsilbe	Dezimalschreibweise
a)	feiner Staub: 35 µm	$35 \cdot 10^{-6}$ m	m
b)	Hausstaubmilbe: 0,2 mm (Foto)		
c)	Wellenlänge von Schwarzlicht: 350 nm		
d)	Tiefe des Marianengrabens: 11 km		
e)	HI-Virus: 110 nm		
f)	Leistung eines Windrads: 1500 kW		

Hausstaubmilbe

4 Drei der Umformungen sind fehlerhaft. Streiche in dem Fall den Wert rechts vom Gleichheitszeichen und korrigiere ihn.

a) $4^{-2} = \frac{1}{4^2}$ ______ b) $-\frac{1}{4^{-2}} = 4^2$ ______ c) $(-4)^{-2} = \frac{1}{16}$ ______

d) $\frac{1^3}{3} = \frac{1}{27}$ ______ e) $\left(-\frac{1}{3}\right)^3 = -\frac{1}{27}$ ______ f) $\left(\frac{1}{3}\right)^{-3} = -\frac{1}{27}$ ______

5 Berechne.

a) $5 \cdot (-2)^3$ = ______ = ______ b) $-4 + \left(\frac{1}{2}\right)^{-4}$ = ______ c) $4 - 3^3$ = ______

d) $6 : 3^{-2}$ = ______ e) $50 + 250 : 5^3$ = ______ f) $18 \cdot 6^{-1} + 2$ = ______

Zur Erinnerung:
1. Potenzieren
2. Punktrechnung
3. Strichrechnung

6 Vereinfache die Terme.

a) $\frac{x^5}{x^2} \cdot x^{-2} =$ ______ b) $x : \frac{x^{-4}}{x} =$ ______

c) $x^n : x^{n-2} =$ ______ d) $\frac{x^{m-1}}{x^{1+m}} =$ ______

e) $(x-2)^{-1} + \frac{1}{(x-2)^2} =$ ______ = ______ f) $x \cdot \frac{-x^3}{3x - x^2} - x^2 =$ ______ = ______

Bruchgleichungen (1)

1 Verbinde die Gleichung jeweils mit ihrer Lösung.

$x = -4$ | $x = 12$ | $\frac{8}{x+4} = \frac{1}{2}$ | $\frac{2}{x} = 4$ | $x = -5$ | $\frac{x-2}{x} = \frac{5}{7}$

$x = -1$ | $\frac{6}{x} = -6$ | $\frac{x}{x+2} = 2$ | $\frac{3}{x} = -0{,}6$ | $x = 7$ | $x = 0{,}5$

2 Gib eine Gleichung zur Bestimmung des Schnittpunkts der Graphen der Funktionen f und g an und finde den Hauptnenner der Bruchgleichung.

Funktion f	$x \mapsto \frac{8}{x} + 5$	$x \mapsto 3 - \frac{8}{x}$	$x \mapsto \frac{1}{x+1}$	$x \mapsto \frac{2}{x-4}$	$x \mapsto \frac{5}{x} - \frac{1}{x+2}$
Funktion g	$x \mapsto \frac{x}{2x}$	$x \mapsto \frac{2}{3x}$	$x \mapsto 2 - \frac{5}{x}$	$x \mapsto \frac{3}{x+1}$	$x \mapsto \frac{5}{3(x+2)}$
Bruchgleichung					
Hauptnenner					

3 Löse die Bruchgleichung.

a) $\frac{6}{x} = \frac{2}{2+x}$ $\quad | \cdot$ ______ (Hauptnenner)

Probe: linke Seite: ______ ; rechte Seite: ______

$x =$ ____ ist also eine Lösung der Gleichung.

b) $\frac{13+2x}{2x+10} - \frac{1-5x}{20+4x} = 1$

1. Nenner: ______ 2. Nenner: ______

Hauptnenner: ______

Probe: linke Seite: ______ ; rechte Seite: ______

$x =$ ____ ist also eine Lösung der Gleichung.

4 Finde die Fehler in den Lösungswegen und verbessere daneben.

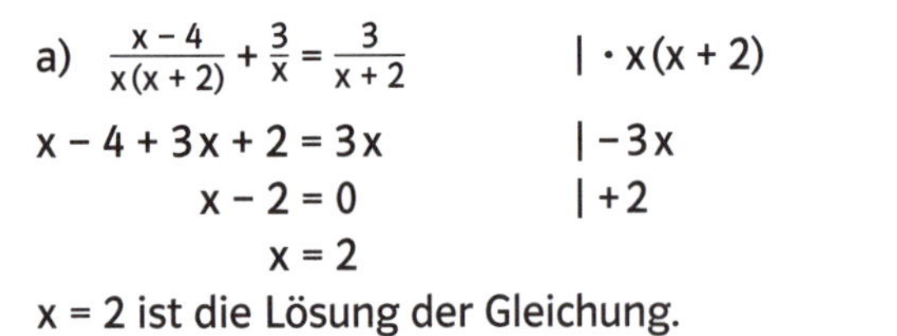

a) $\frac{x-4}{x(x+2)} + \frac{3}{x} = \frac{3}{x+2} \quad | \cdot x(x+2)$

$x - 4 + 3x + 2 = 3x \quad | -3x$

$x - 2 = 0 \quad | +2$

$x = 2$

$x = 2$ ist die Lösung der Gleichung.

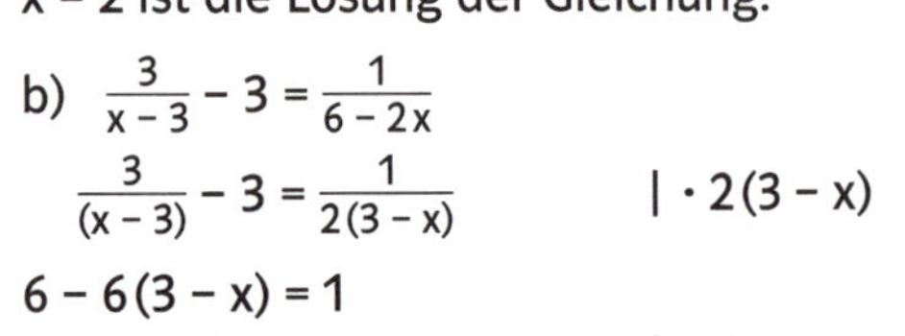

b) $\frac{3}{x-3} - 3 = \frac{1}{6-2x}$

$\frac{3}{(x-3)} - 3 = \frac{1}{2(3-x)} \quad | \cdot 2(3-x)$

$6 - 6(3-x) = 1$

$-18 - 6x = 1 \quad | +6x$

$-18 = 6x \quad | : 6$

$-3 = x$

Für $x = -3$ ist die Ausgangsgleichung nicht definiert.
Die Gleichung hat keine Lösung.

Bruchgleichungen (2)

1 Martin bummelt auf dem Schulweg. Zur normalen Ankunftszeit hat er heute erst $\frac{4}{5}$ des Weges zurückgelegt. In der Schule kommt er zwei Minuten später an als sonst. Wie lange braucht er normalerweise für den Schulweg?

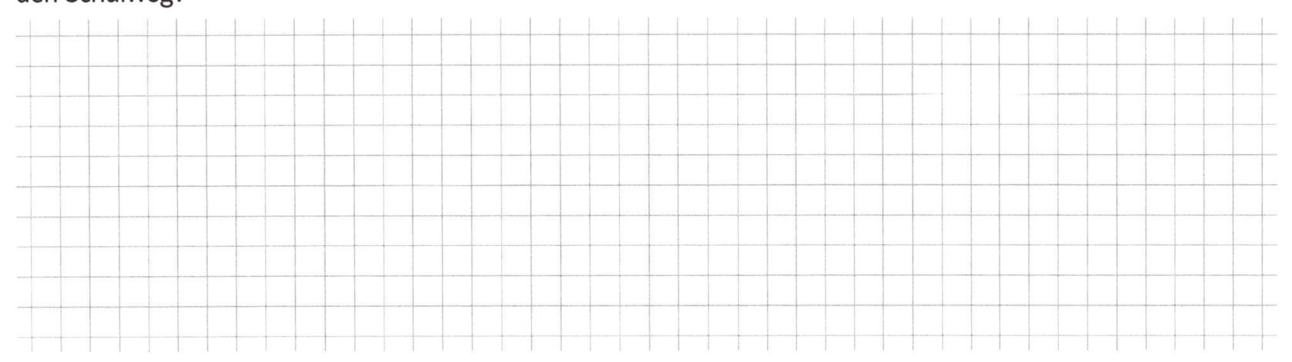

2 a) An welcher Stelle nimmt die Funktion $f: x \mapsto \frac{8}{-2x-4}$ $(D = \mathbb{Q}\setminus\{-2\})$ den Funktionswert -1 an? Zeichne zum Ablesen den Graphen der Funktion $g: x \mapsto$ ________ ein.

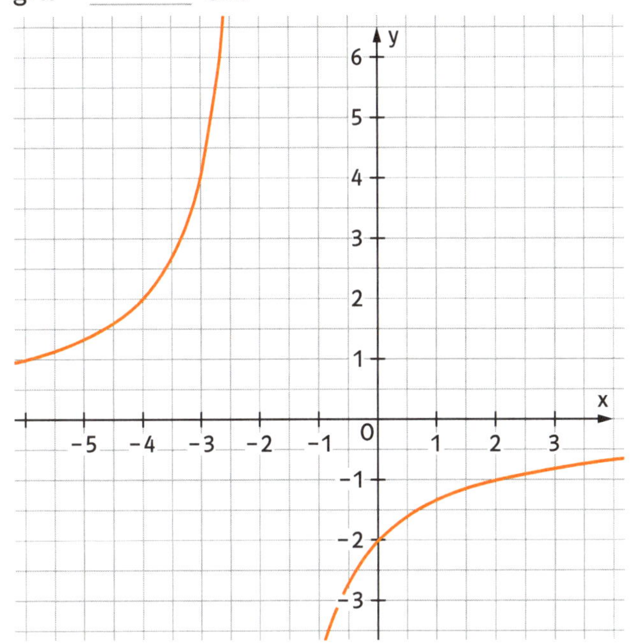

Überprüfe deine Lösung rechnerisch.

$\frac{8}{-2x-4} = -1$ | · ________

____

____

____

b) Skizziere den Graphen von $h: x \mapsto \frac{x}{x+2}$ $(D = \mathbb{Q}\setminus\{-2\})$ in das Koordinatensystem aus Teilaufgabe 2a) und lies die Koordinaten des Schnittpunkts S der Graphen von f und h ab: S(_____ | _____).

c) Überprüfe deine Lösung hier rechnerisch.

3 Der Nenner eines Bruchs ist um fünf größer als sein Zähler. Zieht man von Zähler und Nenner jeweils zwei ab, so erhält man den Bruch $\frac{2}{7}$.

1. Schritt:

Zähler des Bruchs: x Nenner des Bruchs: ________

Bruch: ________

2. Schritt: Bruchgleichung: ________

____

____

____

____

3. Schritt: Der gesuchte Bruch lautet: ________

Fülle die Lücken. Für jeden Buchstaben findest du einen Strich. Löse dann die Beispielaufgaben.

Gebrochen rationale Funktionen

Eine Funktion, deren Funktionsterm ein

_ _ _ _ _ _ _ _ _ _ ist, heißt gebrochen rationale Funktion. Zahlen, für die der Nenner null wird, gehören nicht zur Definitionsmenge.
Geraden, denen sich der Graph einer Funktion

beliebig genau nähert, heißen _ _ _ _ _ _ _ _ _ _ _ .
Es gibt waagerechte und senkrechte Asymptoten.

- Gib die maximale Definitionsmenge der Funktion $f\colon x \mapsto \frac{2}{(x-1)^2}$ und die Gleichungen der Asymptoten an.

$D_f =$ ____________

waagerechte Asymptote:

____

senkrechte Asymptote:

____

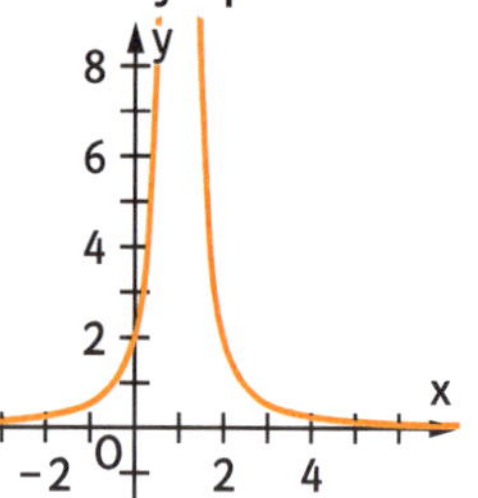

Rechnen mit Bruchtermen

Erweitern bzw. Kürzen: Zähler und Nenner des Bruchterms werden mit demselben Term multipliziert bzw. durch ihn dividiert.
Addition bzw. Subtraktion: Bruchterme werden auf

den gleichen _ _ _ _ _ _ _ gebracht. Dann werden die Zähler addiert bzw. subtrahiert und der Nenner bleibt erhalten.

- Kürze.

$\frac{-x-x^2}{3x+3} = \frac{-x \cdot (\quad)}{\quad \cdot (\quad)} = \frac{\quad}{\quad}$

- Vereinfache.

$\frac{x+5}{5x-5} - \frac{1}{x-1} = \frac{\quad}{\quad} - \frac{\quad}{\quad \cdot (x-1)}$

$= \frac{\quad}{\quad} = \frac{\quad}{\quad}$

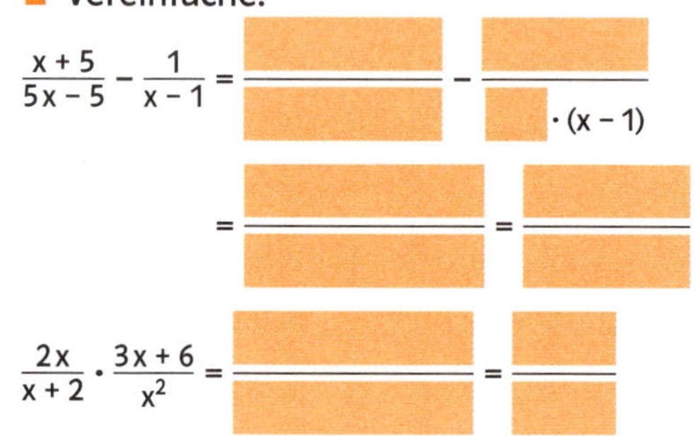

Multiplikation: Zähler wird mit Zähler und Nenner mit Nenner multipliziert.

$\frac{2x}{x+2} \cdot \frac{3x+6}{x^2} = \frac{\quad}{\quad} = \frac{\quad}{\quad}$

Division: Durch einen Bruchterm wird dividiert, indem mit dem Kehrbruchterm

_ _ _ _ _ _ _ _ _ _ _ _ _ _ wird.

$\frac{3x}{2} : \frac{4x^2}{x+1} = \frac{\quad}{\quad} = \frac{\quad}{\quad}$

Potenzen mit negativen Exponenten

Für jede rationale Basis x ($x \neq 0$) und jeden natürlichen Exponenten n gilt:

$x^{-n} = \frac{1}{x^n}$ und $x^0 = 1$

Für Potenzen mit gleicher Basis und ganzzahligen Exponenten gilt:

$x^m \cdot x^n = x^{m+n}$

$x^m : x^n = \frac{x^m}{x^n} = x^{m-n}$

- Berechne.

$8^0 =$ ____

$3^{-2} = \frac{1}{\quad} = \frac{\quad}{\quad}$

- Fasse zusammen.

$b^7 \cdot b^{-9} =$ ____________

$c^{-2} : c^2 =$ ____________

Bruchgleichungen

Vorgehen zum Lösen von Bruchgleichungen:

- _ _ _ _ _ _ _ _ _ _ _ _ _ _ _ _ mit dem Hauptnenner der vorkommenden Nenner
- Kürzen bzw. Ausmultiplizieren führt zu einer nennerfreien Gleichung
- Lösen dieser Gleichung
- Prüfen, ob die Bruchgleichung für die erhaltene Lösung _ _ _ _ _ _ _ _ _ _ ist.

- Löse die Gleichung.

$\frac{x+1}{5x-5} = \frac{2x+5}{x-1}$ | ____________

$\frac{(x+1)\quad}{5x-5} = \frac{(2x+5)\quad}{x-1}$

____________ = ____________

____________ = ____________

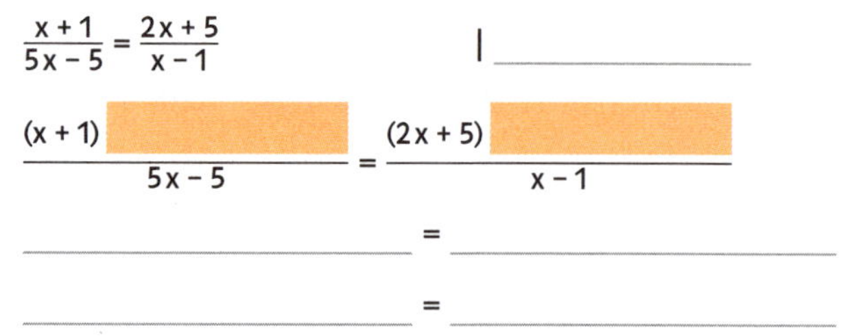

x = ______ ist Lösung der Gleichung.

Zentrische Streckungen (1)

1 Führe eine zentrische Streckung mit dem Streckzentrum Z und mit dem Streckfaktor $k = 2$ aus.

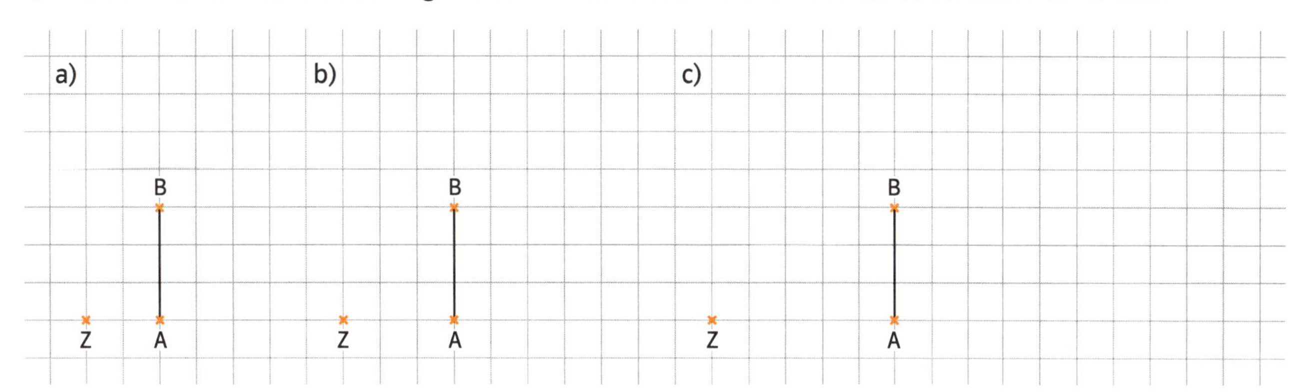

Unabhängig von der Lage des Streckzentrums Z hat die Bildstrecke stets die ______________________

______________ der Ausgangsstrecke.

2 Prüfe, ob die orange Figur durch eine Streckung entstanden sein kann. Zeichne gegebenenfalls das Streckzentrum Z ein und gib den Streckfaktor k an.

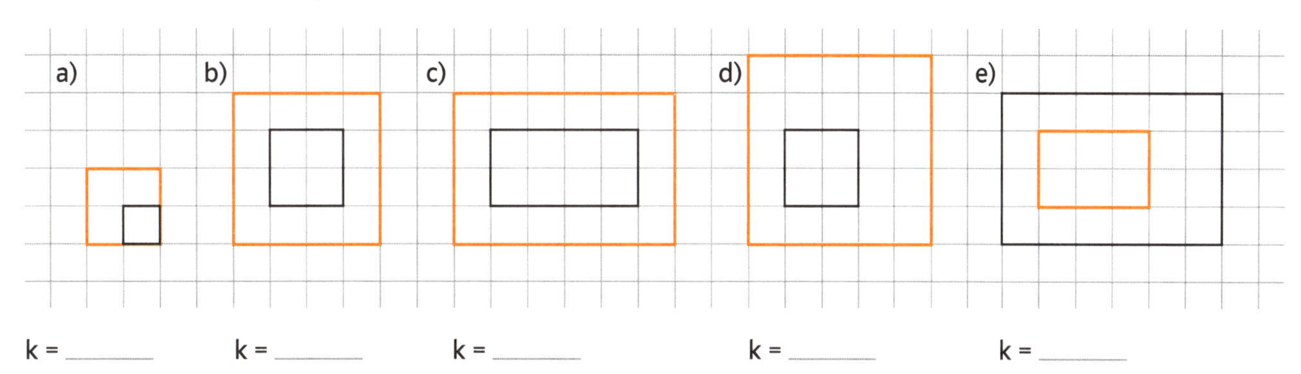

k = ______ k = ______ k = ______ k = ______ k = ______

3 a) Zeichne das Bild des Dreiecks ABC bei einer zentrischen Streckung mit Streckzentrum A und Streckfaktor 1,5. Benenne die Eckpunkte des Bilddreiecks mit A, B′ und C′.
b) Bilde dann das Dreieck AB′C′ mit dem Streckzentrum B′ und dem Streckfaktor 2 auf das Dreieck A″B′C″ ab (in einer anderen Farbe).

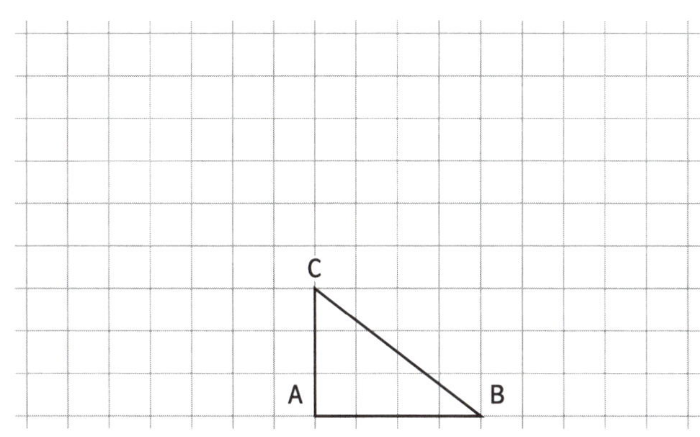

c) Gibt es eine zentrische Streckung, mit der das Dreieck ABC direkt auf das Dreieck A″B′C″ abgebildet werden kann? Wenn ja, zeichne das Streckzentrum ein und gib den Streckfaktor an.

k = ______

4 Zeichne das Bild bei einer zentrischen Streckung
a) mit dem Streckfaktor 0,75 und dem Streckzentrum Z.
b) mit dem Streckfaktor 1,5 und demselben Streckzentrum Z (in einer anderen Farbe).

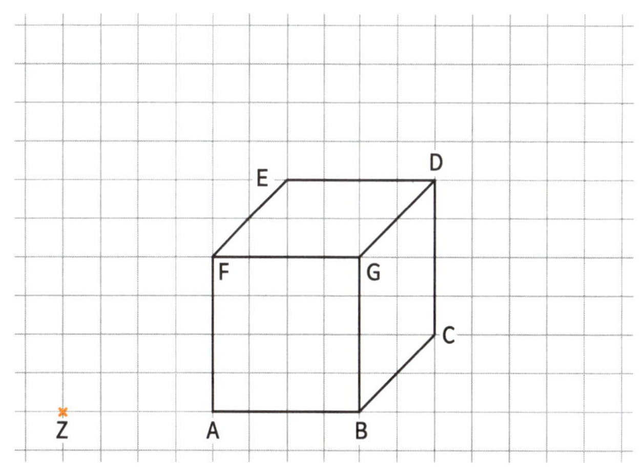

c) Der Streckfaktor von der ersten Bildfigur (Teilaufgabe a) zur zweiten Bildfigur (Teilaufgabe b) ist bei demselben Streckzentrum Z

k = ______ .

Zentrische Streckungen (2)

1 Führe die zentrische Streckung mit dem angegebenen Streckfaktor aus. Bestimme den Flächeninhalt A der Originalfigur und den Flächeninhalt A' der Bildfigur.

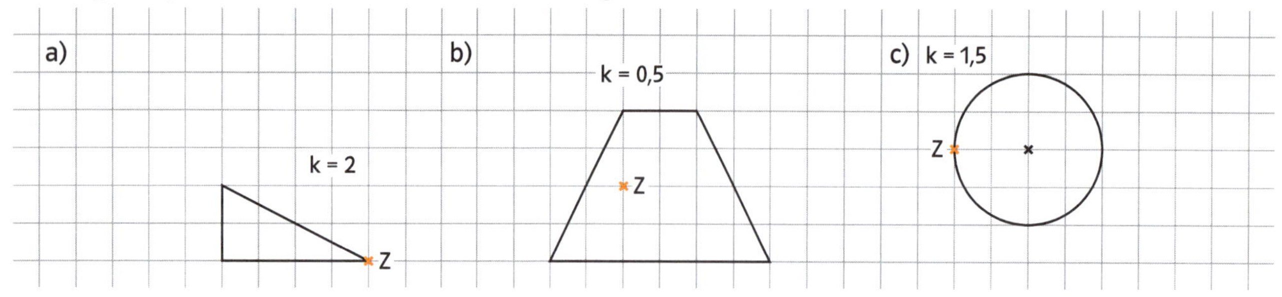

A = ______ A' = ______ A = ______ A' = ______ A ≈ ______ A' ≈ ______

2 Zeichne in das Koordinatensystem das Dreieck ABC mit A(0,5 | 0,5), B(3,5 | 0,5) und C(1 | 2,5) sowie das Streckzentrum Z(0 | 0) ein.
Führe anschließend eine zentrische Streckung mit dem Streckfaktor $k = 2$ aus.

Flächeninhalt des Originaldreiecks: ______ cm^2

Flächeninhalt des Bilddreiecks: ______ cm^2

Der Flächeninhalt hat sich um den Faktor ______ vergrößert.

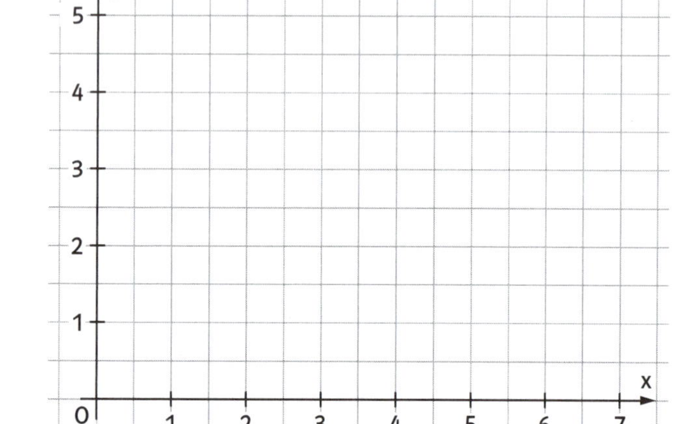

3 Strecke das Quadrat der Seitenlänge 3 cm mit dem eingezeichneten Streckzentrum Z mit folgenden Streckfaktoren: $k = 2$; $k = 0,5$ und $k = 1,5$. Fülle dann die Tabelle aus.

k	Fläche	Umfang
1	$9\,cm^2$	12 cm
2		
0,5		
1,5		

Um den Flächeninhalt zu verneunfachen, müsste man den Streckfaktor ______ wählen.

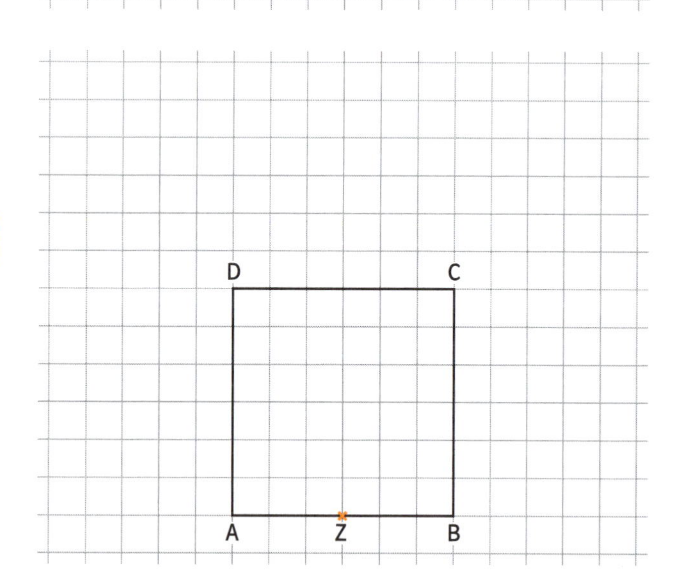

4 Der Drachen mit den Diagonalen der Längen 3 cm und 5 cm ist zu einem zweiten Drachen mit einer Diagonalenlänge von 4 cm ähnlich. Zeichne die beiden Möglichkeiten in die Figur ein, wobei der Diagonalenschnittpunkt das Streckzentrum sein soll. Fülle anschließend die Tabelle aus.

Länge der Diagonalen	Flächeninhalt	Streckfaktor
3 cm; 5 cm		1
4 cm; ______		
4 cm; ______		

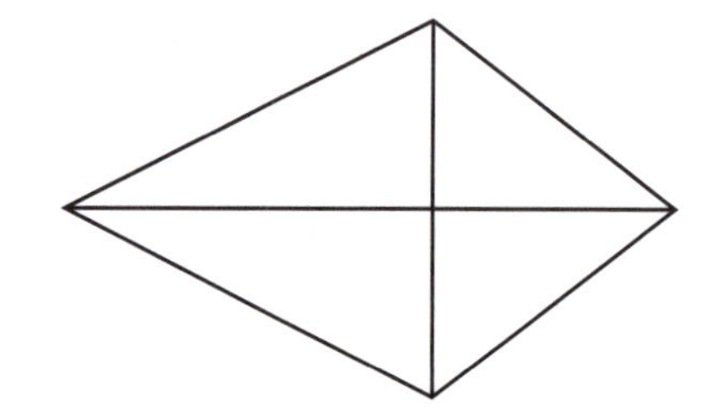

Der Strahlensatz (1)

1 Ergänze die Gleichungen zu der Strahlensatzfigur.

a)

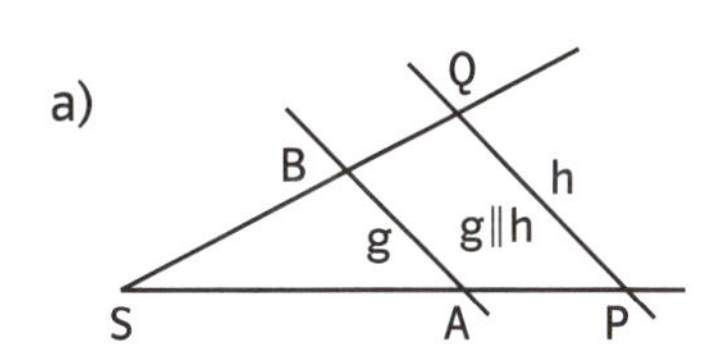

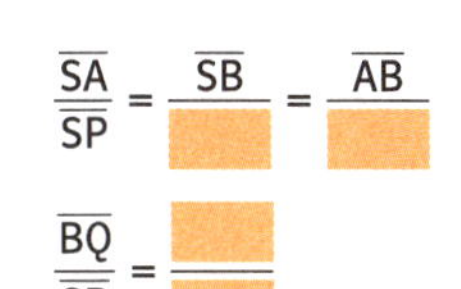

b)

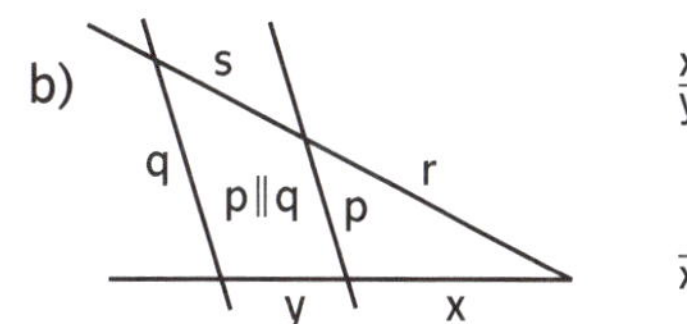

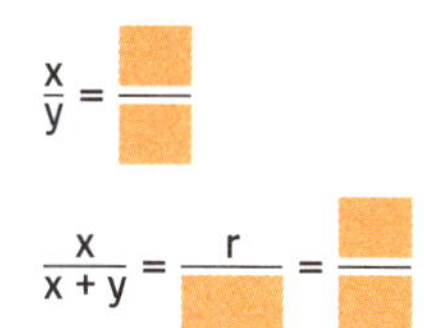

2 In den orangen Lösungen stecken insgesamt sechs Fehler. Finde und korrigiere sie. Es gilt g ∥ h.

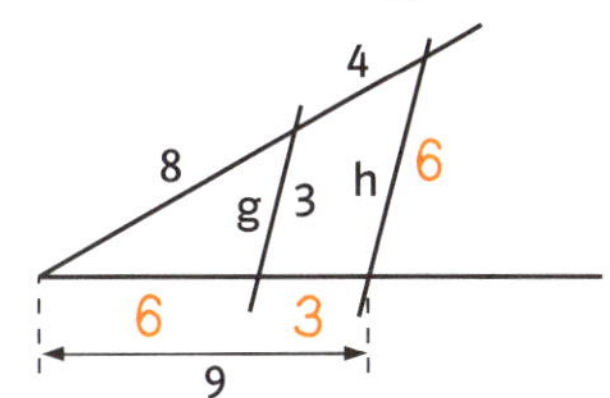

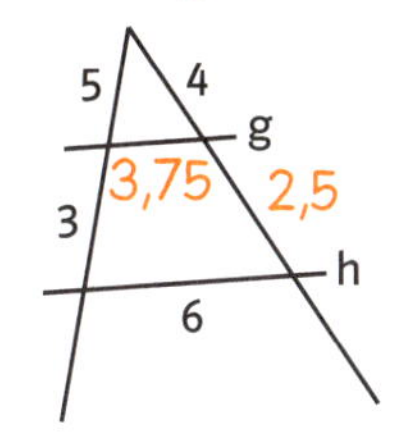

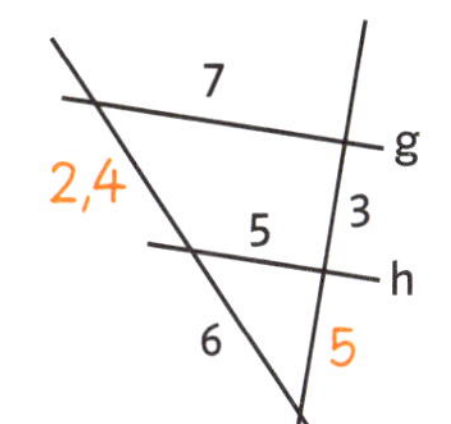

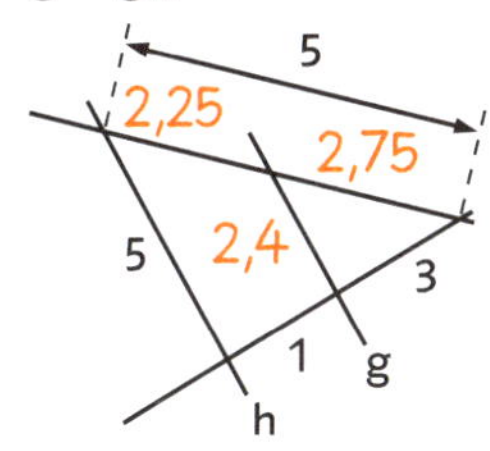

3 Eine Mauer wirft zu einer bestimmten Uhrzeit einen Schattenstreifen, der 9,4 m breit ist. Luc stellt sich so in diesen Schattenraum, dass er gerade keinen sichtbaren Schatten mehr erzeugt. Luc ist 1,75 m groß und steht 8 m von der Mauer entfernt. Berechne die Höhe der Mauer.

h = ______ m

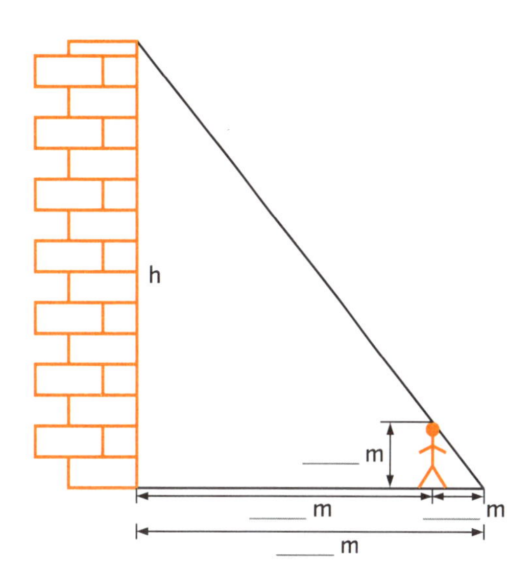

4 Auf einer Insel in einem See steht ein Turm R. Es soll die Entfernung des Turmes von dem Punkt U am Ufer bestimmt werden.
Dazu werden die Längen $\overline{DT} = 36$ m, $\overline{DU} = 40$ m und $\overline{UC} = 24$ m gemessen.
Es wurde bei der Messung so vorgegangen, dass die beiden Strecken [UC] und [DT] parallel sind.

a) Bestimme die Länge der Strecke [UR].

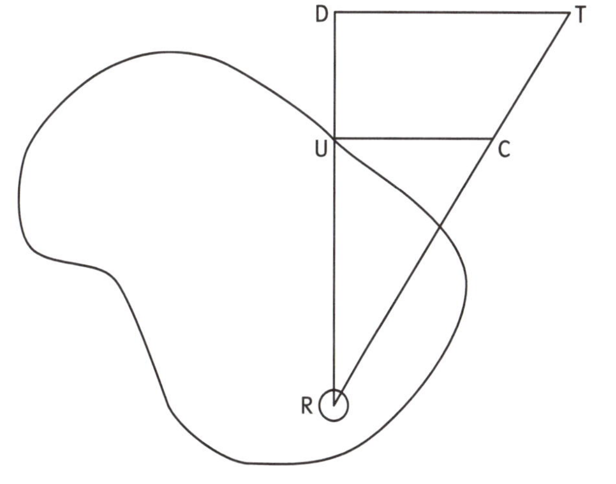

b) Warum lässt sich mit den Angaben dieser Aufgabe die Länge der Strecke [RT] nicht mithilfe der Strahlensätze berechnen?

Der Strahlensatz (2)

1 Berechne alle fehlenden Stücke. In Teilaufgabe b) sind drei Stücke gleich lang.

a)

g || h

x = ____ cm

y = ____ cm

b)

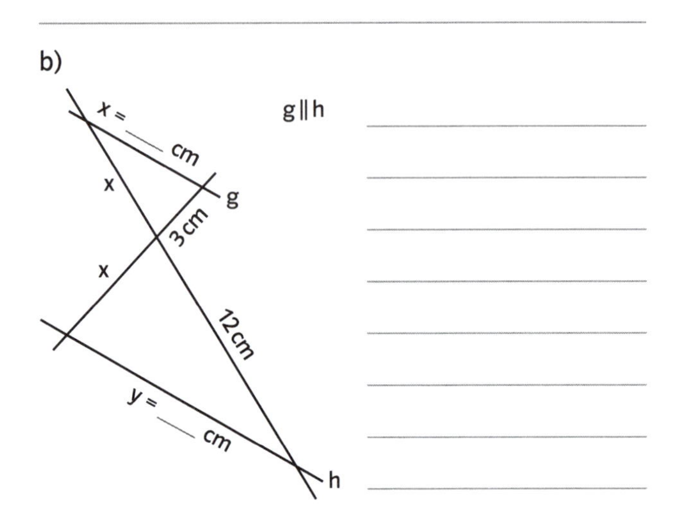

2 Berechne die drei fehlenden orange markierten Stücke. Konstruiere zur Kontrolle die Figur in Originalgröße.
Eine Seite ist schon eingezeichnet.

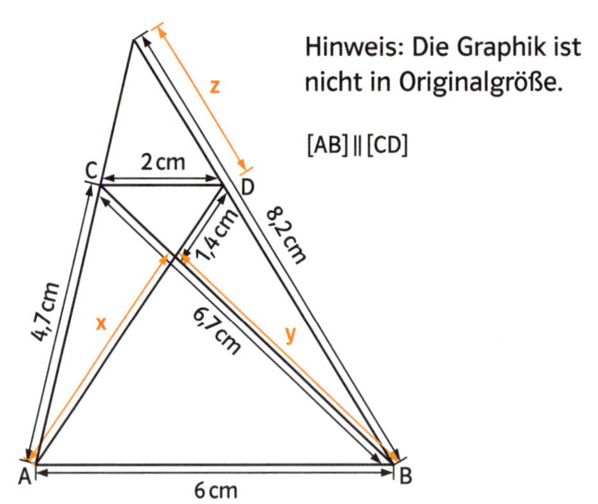

Hinweis: Die Graphik ist nicht in Originalgröße.

[AB] || [CD]

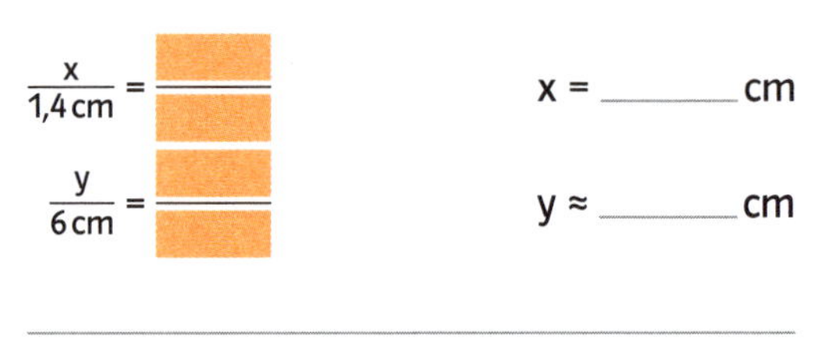

$\frac{x}{1{,}4\,\text{cm}} = \frac{}{}$ x = ______ cm

$\frac{y}{6\,\text{cm}} = \frac{}{}$ y ≈ ______ cm

$\frac{z}{8{,}2\,\text{cm}} = \frac{}{}$ z ≈ ______ cm

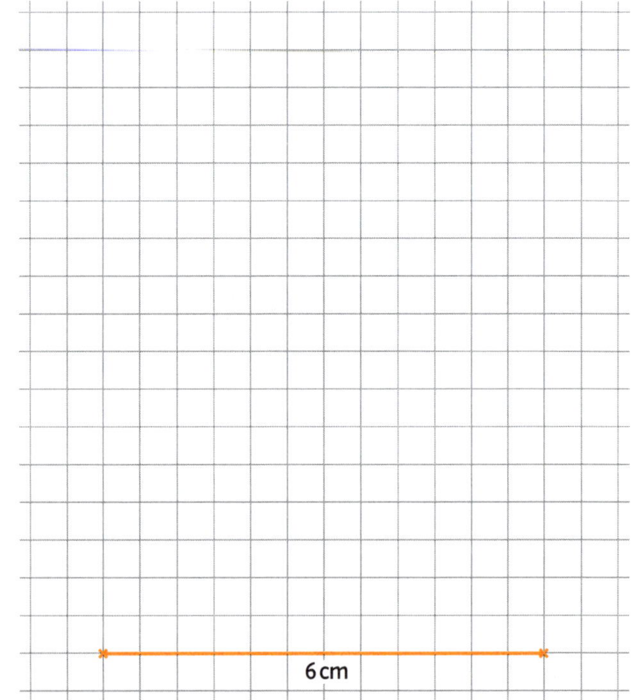

3 Ergänze zu der Strahlensatzfigur die Verhältnisgleichungen so oft wie vorgegeben.

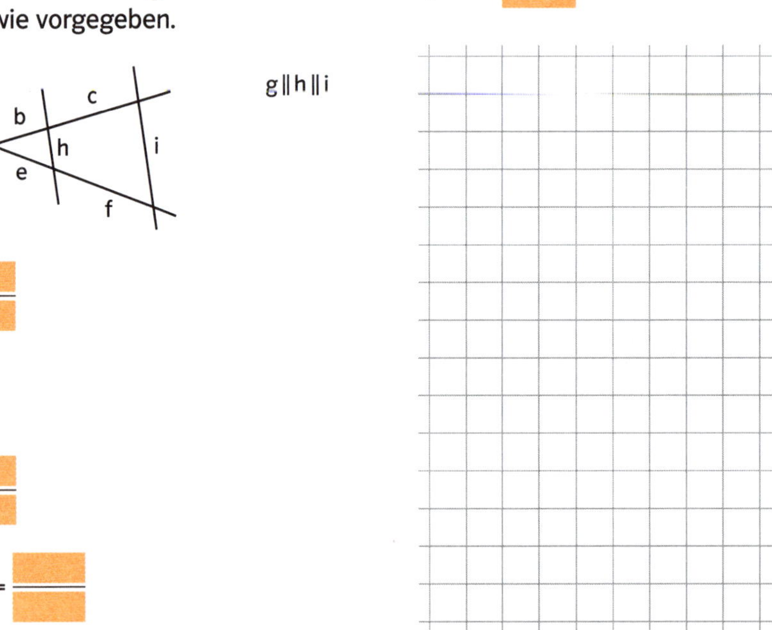

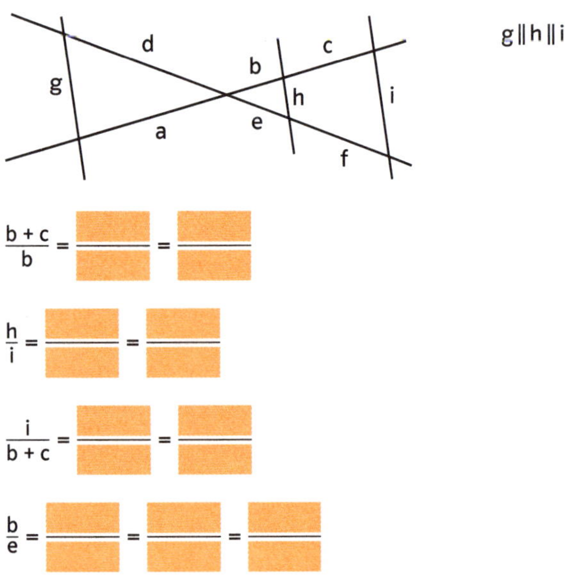

$\frac{b+c}{b} = \frac{}{} = \frac{}{}$

$\frac{h}{i} = \frac{}{} = \frac{}{}$

$\frac{i}{b+c} = \frac{}{} = \frac{}{}$

$\frac{b}{e} = \frac{}{} = \frac{}{} = \frac{}{}$

1 Zeichne in das Koordinatensystem das Dreieck ABC mit A(6|4), B(8|4) und C(6|5). Bilde das Dreieck in der angegebenen Weise ab. Verwende unterschiedliche Farben.

a) Zentrische Streckung mit dem Streckzentrum A und k = 3, Drehung um A um 180°.

b) Zentrische Streckung mit dem Streckzentrum B(8|4) und k = 2, Drehung um B um 90°.

Um von der Bildfigur von Teilaufgabe b) direkt zur Bildfigur von Teilaufgabe a) zu gelangen, muss man folgendermaßen vorgehen:

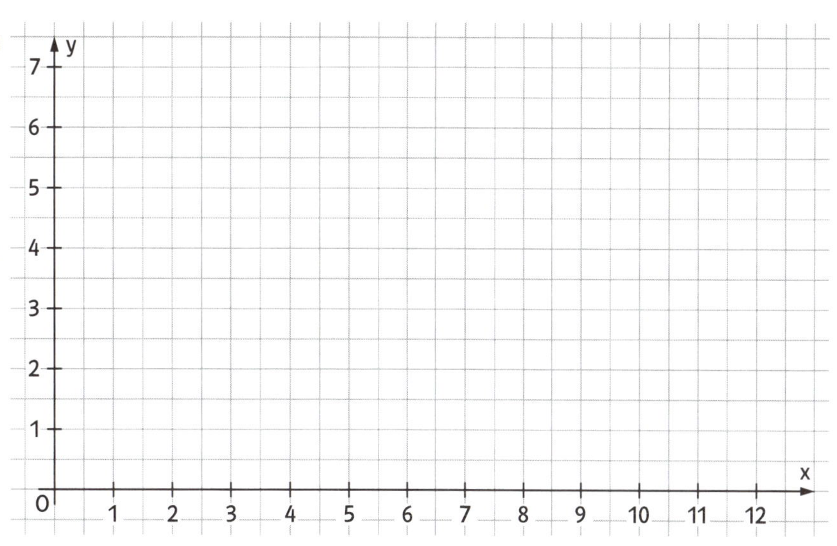

Streckung mit k = ______, Drehung um ______° und anschließende Verschiebung.

2 Bei einer Lochkamera wird das Bild eines Gegenstands mithilfe einer kleinen Öffnung auf einem Schirm (Rückwand der Box) erzeugt. Im Unterricht wird meist das Bild einer Kerzenflamme untersucht.

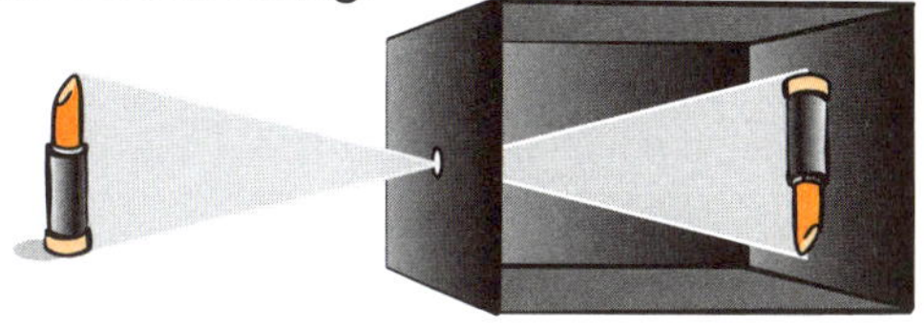

a) Wenn der Abstand vom Loch zum Schirm größer wird, so wird das Bild ☐ größer/☐ kleiner/☐ gleich groß.

b) Wird der Abstand vom Gegenstand zum Loch größer, so wird das Bild ☐ größer/☐ kleiner/☐ gleich groß.

c) Ein Lippenstift ist 6 cm hoch und der Abstand vom Loch zum Schirm beträgt 10 cm. Damit das Bild des Lippenstifts 1 cm groß wird, muss er ______ cm vor dem Loch platziert werden. (Rechne rechts.)

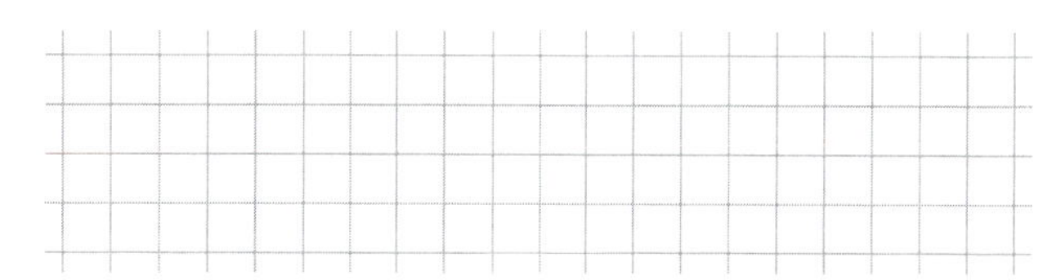

3 Johanna ist bei der Schulaufführung eines Schattentheaters beteiligt. Sie wird von einem Scheinwerfer angestrahlt und ihr Schatten fällt auf eine Leinwand, die sich zwischen ihr und dem Publikum befindet.

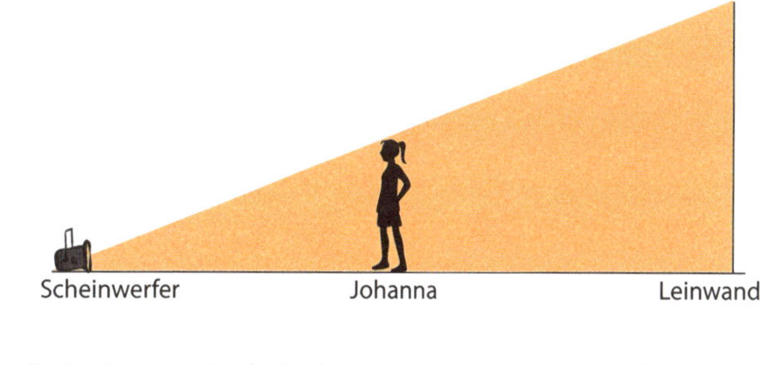

a) Wenn sich Johanna der Leinwand nähert, so wird ihr Schatten ______________ (größer/kleiner).

b) Johanna stellt sich genau in die Mitte zwischen Scheinwerfer und Leinwand. Ihr Schatten ist dann

______________________________ wie sie.

c) Nun stellt sie sich so, dass es 3 m bis zum Scheinwerfer und 7 m bis zur Leinwand sind. Johanna ist 1,59 m groß. Johannas Schatten ist dann ______ m groß. (Rechne und zeichne rechts.)

4 Kim sieht aus dem Fenster des Klassenzimmers einen Kirchturm. Bei ausgestrecktem Arm verdeckt die Breite ihres waagerecht gehaltenen Daumens die Turmhöhe vollständig. Sie überlegt, ob sie mithilfe der Strahlensätze berechnen kann, wie hoch der Kirchturm ist. Sie misst ihre Daumenbreite (12 mm) und die Länge ihres ausgestreckten Arms (70 cm). Welche Angabe fehlt ihr, die Höhe des Kirchturms zu berechnen?

____

1 Jedes Dreieck aus der oberen Hälfte hat einen vergrößerten oder einen verkleinerten Partner in der unteren Hälfte. Ordne richtig zu. Eine Figur bleibt übrig, nämlich Figur ______.

① ~ ______ ② ~ ______ ③ ~ ______ ④ ~ ______

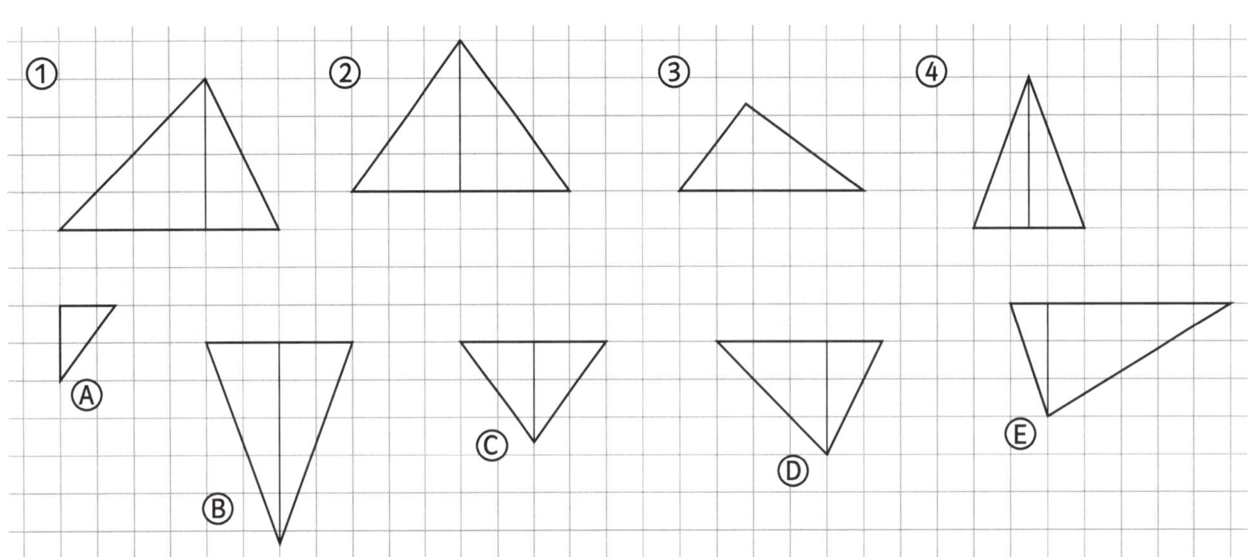

2 Der Eiffelturm in Paris ist 321 m hoch. Im Bild rechts ist er nur ______ mm hoch. Die Abbildung ist also im Maßstab

______ verkleinert.

Der Streckfaktor k ist ______ .

3 Auf dem Display einer Digitalkamera ist eine Mücke 2 cm lang. In Wirklichkeit misst sie 9 mm. Ein Elefant kann bis zu 10 m lang und 4 m hoch werden. Welche Abmessungen müsste eine Plakatwand etwa haben, damit ein Elefant im selben Maßstab (______) wie die Mücke vergrößert dargestellt werden könnte?

Plakatwand: ______ m × ______ m

4 a) Konstruiere in der Mitte ein Dreieck mit $a = 4{,}4\,cm$; $b = 4\,cm$ und $c = 3{,}6\,cm$.
b) Konstruiere rechts daneben ein dazu ähnliches Dreieck mit $c' = 4{,}5\,cm$.

(Streckfaktor k: ______)

Berechne zunächst die übrigen Seitenlängen des ähnlichen Dreiecks: $a' =$ ______ cm; $b' =$ ______ cm.

c) Konstruiere links daneben ein ähnliches Dreieck mit $a'' = 1{,}1\,cm$. (Streckfaktor k: ______)

Übrige Seitenlängen des ähnlichen Dreiecks: $b'' =$ ______ cm; $c'' =$ ______ cm.

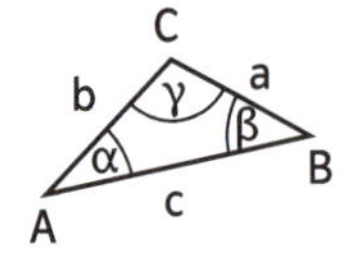

A″ A c = 3,6 cm B A′

Ähnlichkeitssätze für Dreiecke

1 Bestimme die Verhältnisse der Dreieckseiten. Die Dreiecke mit den Nummern ___ und ___ sind ähnlich.

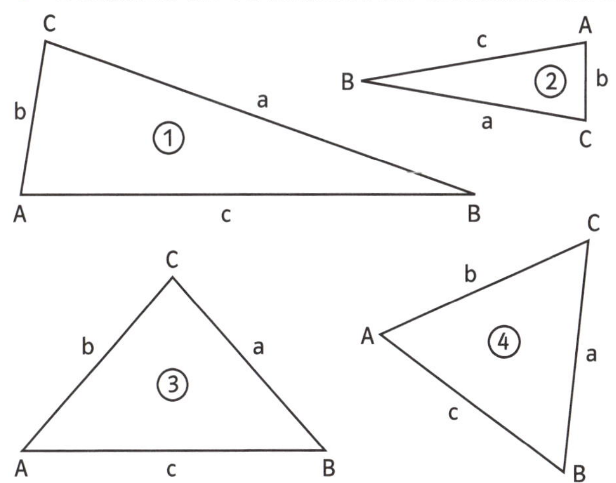

Dreieck	$\frac{a}{b}$	$\frac{b}{c}$	$\frac{a}{c}$
1			
2			
3			
4			

2 a) Weise nach, dass die beiden Dreiecke ähnlich sind, indem du alle Winkel in Abhängigkeit von α ausdrückst.

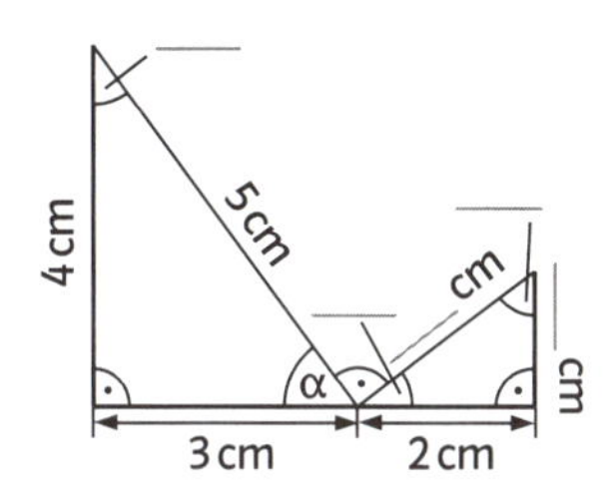

b) Berechne die fehlenden beiden Seitenlängen, indem du diese Ähnlichkeit ausnützt.

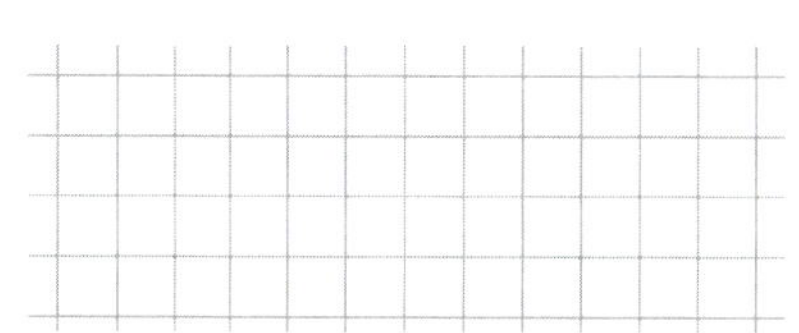

3 Zwei Pfähle der Länge 3 m und 2 m stehen im Abstand von 5 m. Der Fuß des einen Pfahls wird mit der Spitze des anderen durch ein Seil verbunden und umgekehrt.

a) In der Figur kannst du zwei Paare von ähnlichen Dreiecken entdecken: Dreieck ABE ist ähnlich zu Dreieck ______,

und Dreieck ______ ist ähnlich zu Dreieck ______.

b) Ergänze die beiden Gleichungen unter der Zeichnung, löse sie nach h auf und bestimme mit dem Gleichsetzungsverfahren die Lösung des Gleichungssystems.

c) Wenn die beiden Pfähle statt 5 m nun 10 m auseinander stehen, in welcher Höhe treffen sich dann die beiden Seile? Schätze zunächst und rechne dann.

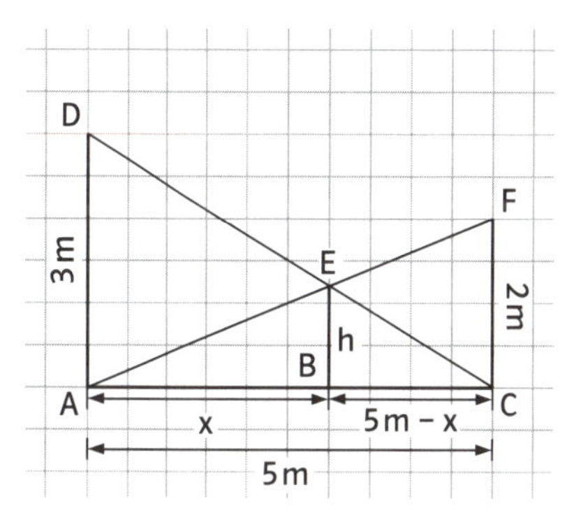

$\frac{h}{3\,m}$ = ———; h =

$\frac{h}{2\,m}$ = ———; h =

☐ höher ☐ tiefer ☐ in gleicher Höhe

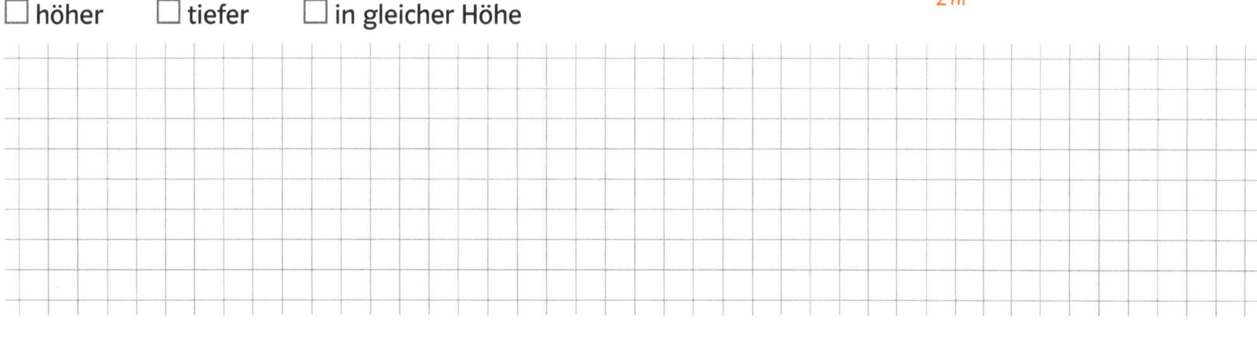

Die Seile treffen sich in der Höhe h = ______ m.

d) Vermutung: Die beiden Seile treffen sich immer ______________________, egal, wie weit die beiden Pfähle auseinander stehen. Nenne den Abstand der beiden Pfähle a und rechne wie oben im Heft.

Fülle die Lücken. Für jeden Buchstaben findest du einen Strich. Löse dann die Beispielaufgaben.

Zentrische Streckungen

Bei einer zentrischen Streckung mit dem Streckfaktor ___ und dem Streckzentrum ___ gilt:
- Jeder Bildpunkt P′ liegt auf der vom Streckzentrum ausgehenden Halbgeraden durch den Punkt P.
- Jede Strecke und ihre Bildstrecke sind parallel.
- Figur und Bildfigur sind _ _ _ _ _ _ _ _.
- Ein Streckfaktor k mit $k > 1$ führt zu einer _ _ _ _ _ _ _ _ _ _ _ _ _ _, ein Streckfaktor k mit $0 < k < 1$ zu einer _ _ _ _ _ _ _ _ _ _ _ _ _ _ der Originalfigur.

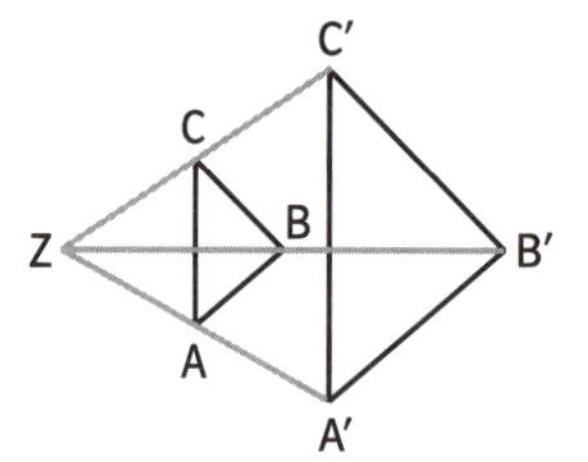

$\overline{ZA'} = k \cdot$ ______
usw.

$\overline{A'B'} = k \cdot$ ______
usw.

■ Im Bild ist $k =$ ______. Zeichne in die Figur noch eine weitere Bildfigur mit $k' = 1{,}5$.

Strahlensatz

1. Strahlensatz: In jeder Strahlensatzfigur verhalten sich die von Z aus gemessenen Abschnitte auf der einen Geraden wie die entsprechenden Abschnitte auf der anderen Geraden.
2. Strahlensatz: In jeder Strahlensatzfigur verhalten sich die Abschnitte auf den Parallelen wie die von Z aus gemessenen entsprechenden Abschnitte auf jeder Geraden.

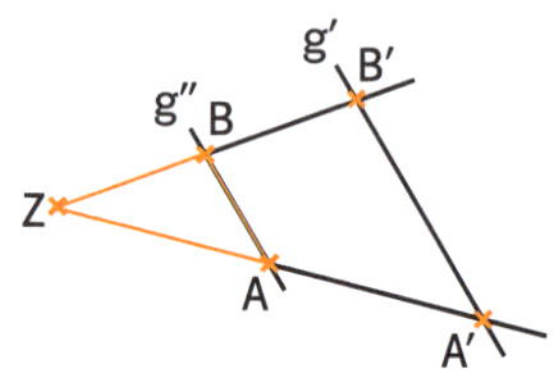

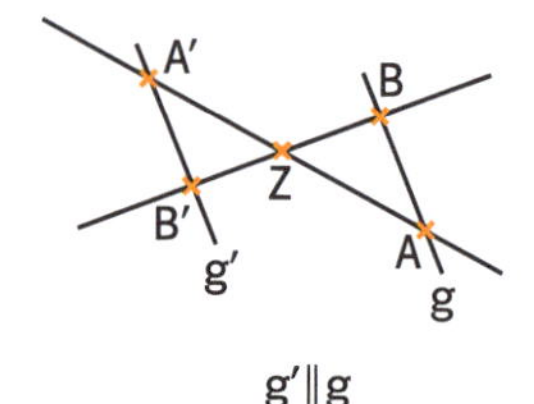

$\frac{\overline{ZB}}{\overline{ZB'}} = \frac{\square}{\square}$ $\qquad$ $\frac{\overline{AB}}{\overline{A'B'}} = \frac{\overline{ZA}}{\square}$

Ähnliche Figuren

Zwei Figuren A und B heißen _ _ _ _ _ _ _ (A ~ B), wenn man durch eine zentrische _ _ _ _ _ _ _ _ _ B so vergrößern oder verkleinern kann, dass das Bild B′ zu A kongruent ist.

■ Bestimme die Länge der Strecke x.

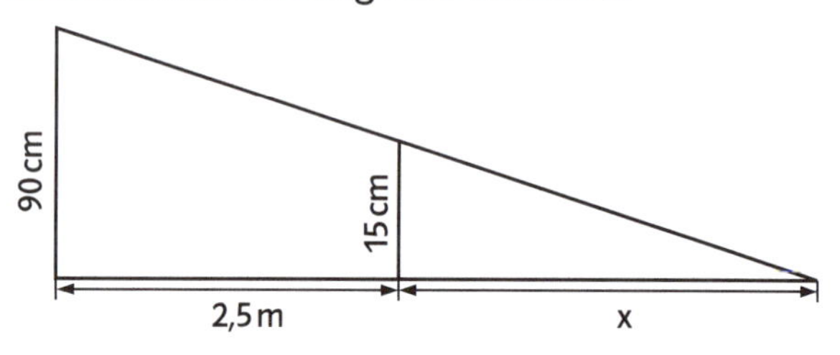

Eigenschaften ähnlicher Figuren

Sind zwei Figuren A und B ähnlich, dann sind sowohl die Längenverhältnisse entsprechender _ _ _ _ _ _ als auch entsprechende _ _ _ _ _ _ gleich groß. Wenn die Seitenlängen von B k-mal so lang sind wie die Seitenlänge von A, so ist der Flächeninhalt von B k^2 mal so groß.

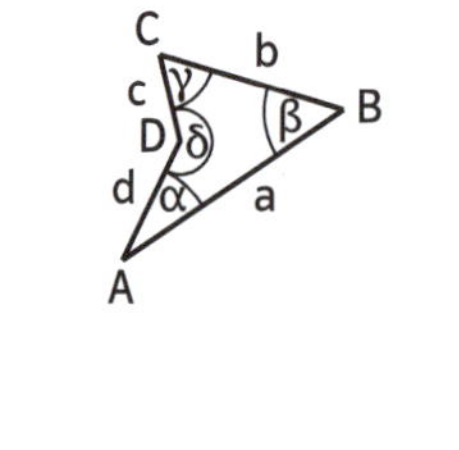

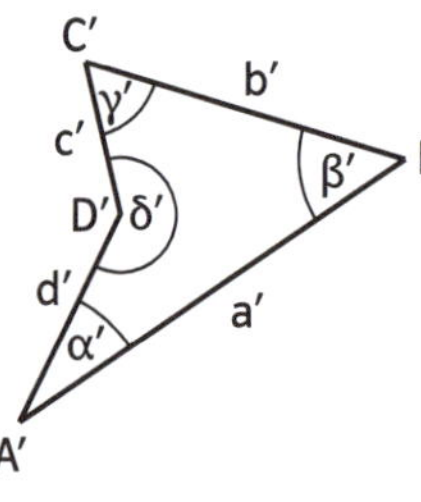

$\frac{a}{a'} = \frac{\square}{\square} = \frac{\square}{\square} = \frac{\square}{\square}$

$\alpha = \alpha'$

$\beta =$ ______

$\gamma =$ ______

$\delta =$ ______

Ähnlichkeitssätze für Dreiecke

Dreiecke sind bereits ähnlich,
- wenn sie in mindestens zwei Winkeln übereinstimmen (WW-Satz)
- oder wenn sie im Verhältnis ihrer Seiten übereinstimmen (S : S : S-Satz).

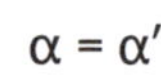

$\alpha = \alpha'$

$\beta =$ ______

$\gamma =$ ______

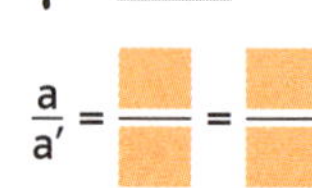

$\frac{a}{a'} = \frac{\square}{\square} = \frac{\square}{\square}$

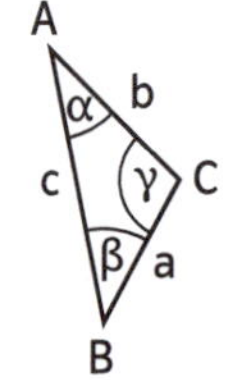

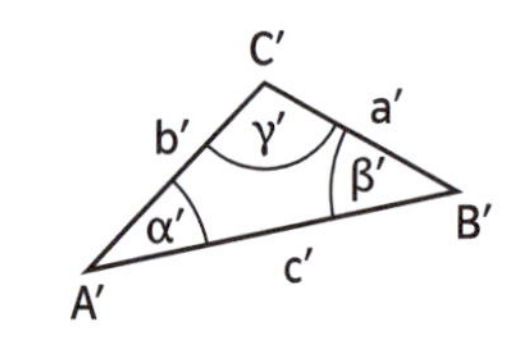

1 Der Holzquader wiegt 3,78 kg. Wie schwer ist der Würfel aus dem gleichen Holz?

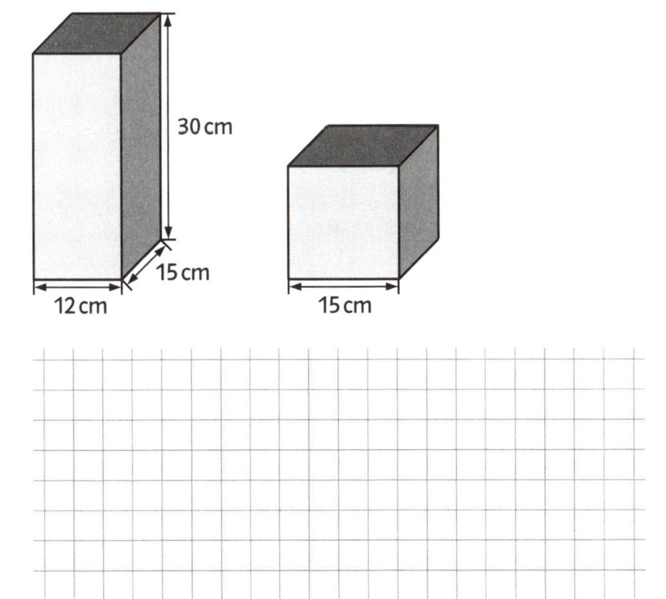

2 Die Zuordnung ist umgekehrt proportional. Fülle die Tabelle aus und skizziere den Graphen.

Arbeiter	2	3	5	8	10
Tage		16			

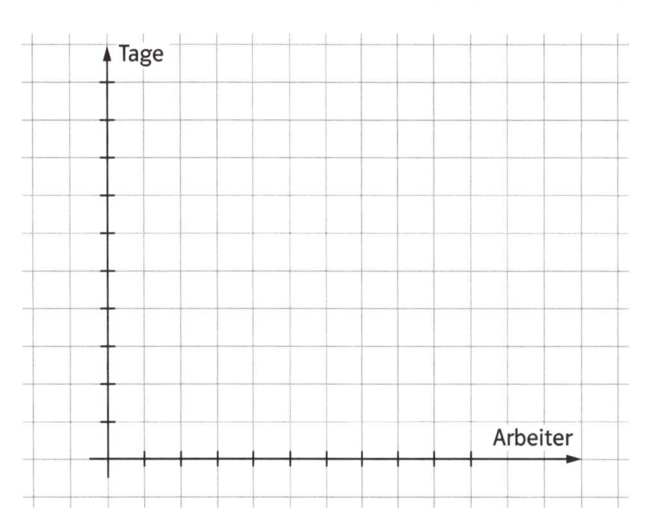

3 Kann man hier sparen? Gib jeweils den Preis für 100 g an.

Bei Packung A bezahlt man für 100 g ________ €.

Bei Packung B kosten 100 g ________ € und

bei C ________ €.

4 Zeichne die Graphen der linearen Funktionen in das Koordinatensystem ein.

a) $f: x \mapsto 4x - 3$

b) $f: x \mapsto -1{,}8x + 5$

c) $f: x \mapsto \frac{5}{7}x - 6$

d) $f: x \mapsto 0 \cdot x + 1{,}5$

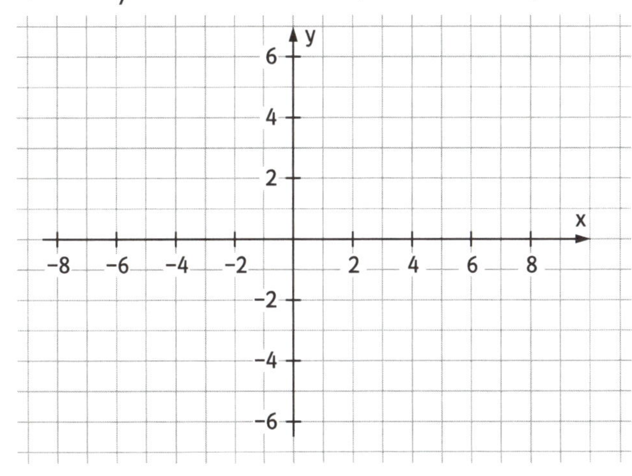

5 Berechne die Nullstelle der linearen Funktion f.

a) $f: x \mapsto 3x + 3$

b) $f: x \mapsto -\frac{1}{4}x + 1{,}5$

c) $f: x \mapsto \frac{3}{5}x + 6$

d) $f: x \mapsto -1{,}5x - 5$

6 Die Pizzeria „Toscana" wirbt mit einer Maxi-Pizza, die einen Umfang von 1 Meter haben soll. Sabine glaubt nicht, dass es eine so große Pizza gibt und berechnet den Durchmesser der Pizza: $100\,\text{cm} : \pi \approx$ ____________ cm.

Die Jumbo-Pizza mit einem Durchmesser von 36 cm hat sogar einen Umfang von $\pi \cdot 36\,\text{cm} \approx$ ____________ cm = ____________ m.

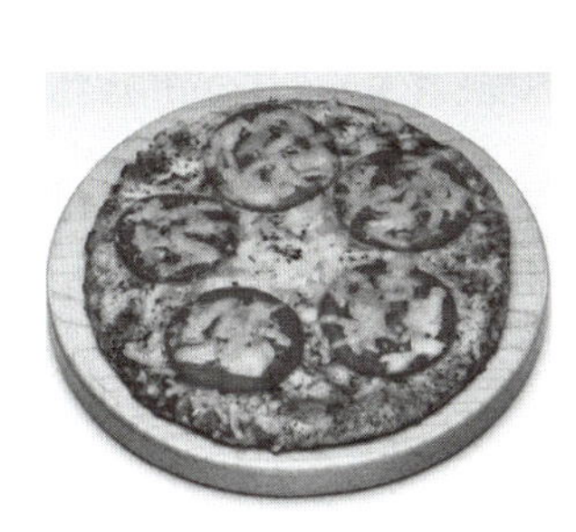

1 Bestimme graphisch die Lösung des Gleichungssystems und mache die Probe. Stelle zunächst die Gleichung nach y um. Diese Rechnung kannst du im Heft machen.

a) (I): $x + y = 3$
(II): $x - y = 5$
(I): $y =$ ______
(II): $y =$ ______
Lösung: (___ | ___)
Probe:
(I): ______
(II): ______

b) (I): $x - 0{,}5y = 1{,}5$
(II): $-6x + 2y = -4$
(I): $y =$ ______
(II): $y =$ ______
Lösung: (___ | ___)
Probe:
(I): ______
(II): ______

c) (I): $4y - 6x = 10$
(II): $\frac{4}{3}x + 2y = -4$
(I): $y =$ ______
(II): $y =$ ______
Lösung : (___ | ___)
Probe:
(I): ______
(II): ______

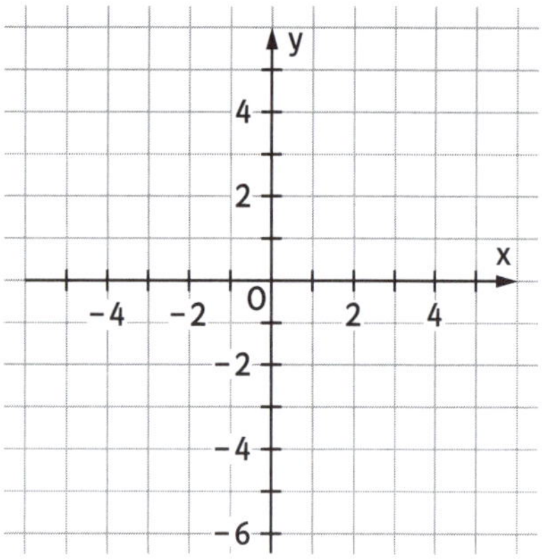

2 Kreuze an, ob mit dem Einsetzungsverfahren (EV) oder dem Gleichsetzungsverfahren (GV) gearbeitet wurde; rekonstruiere anschließend die fehlende Gleichung des linearen Gleichungssystems.

☐ EV ☐ GV
a) (I): $y - 3x = 7$
(II): ______
$4x - 5 - 3x = 7$

☐ EV ☐ GV
b) (I): $-2x + 5 = y$
(II): ______
$-2x + 5 = -4x + 3$

☐ EV ☐ GV
c) (I): $2y = \frac{1}{2}x + 4{,}5$
(II): ______
$2(3x - 1{,}5) = 0{,}5x + 4{,}5$

☐ EV ☐ GV
d) (I): $6y = 2x + 8{,}5$
(II): ______
$6y = -2y + 3 + 8{,}5$

3 Ordne zu. Jeweils eine Gleichung ist durch Addition zweier anderer entstanden. Färbe zusammengehörige Kärtchen in der gleichen Farbe.

- (I) + (II): $x = 1$
- (I): $-2x + 12y = 108$; (II): $2x + 7y = 44$
- $(7 | -2)$
- (I): $56x = 8y + 216$; (II): $9x + 8y = 109$
- $(-6 | 8)$
- (I): $x + 3y = 22$; (II): $2x + 3y = 23$
- (I): $6x + 8y - 26 = 0$; (II): $9x = 57 - 3y$
- (I) + (II): $65x = 325$
- $(1 | 7)$
- (I) + (II): $19y = 152$
- (I) + (II): $-18y = 36$
- $(5 | 8)$

4 Rechts siehst du drei Blumenbeete. Der Gärtner bepflanzt die Beete mit weißen und orangen Blumen.

a) Zähle die weißen Blumen in den drei Beeten.

Orange Blumen:	1	4	9
Weiße Blumen:	______	______	______

b) In einer stockfinsteren Nacht schleicht sich der Nachbar des Gärtners in die Blumenbeete und pflückt jeweils eine Blume aus Beet A, Beet B und Beet C. Wie groß ist die Wahrscheinlichkeit, dass er jeweils eine orange Blume pflückt?

Beet A: ______ Beet B: ______ Beet C: ______

c) Wie viele verschiedene Möglichkeiten hätte der Nachbar in dieser Nacht insgesamt, nacheinander aus Beet A, Beet B und Beet C jeweils eine weiße Blume zu pflücken?

______

d) Warum ist die Laplace-Annahme in der Teilaufgabe b) gerechtfertigt?

______

1 Gib die Definitionsmenge der Funktion und die Gleichungen der Asymptoten an.

a) $f: x \mapsto \frac{1}{x+1}$

$D_f = \mathbb{Q}\backslash\{$ ______ $\}$

Asymptoten:

______

b) $g: x \mapsto \frac{x}{x-1}$

$D_g = \mathbb{Q}\backslash\{$ ______ $\}$

Asymptoten:

______

c) $h: x \mapsto \frac{2x-1}{x+2}$

$D_h = \mathbb{Q}\backslash\{$ ______ $\}$

Asymptoten:

______

d) $k: x \mapsto \frac{2x}{(x-2)\cdot(x-1)}$

$D_k = \mathbb{Q}\backslash\{$ ______ $\}$

Asymptoten:

______

2 Zeichne den Graphen der Funktion $f: x \mapsto \frac{4x^2}{x^2+4}$. Gib zunächst die Definitionsmenge an und ergänze die Wertetabelle. $D_f =$ ______

x	−2	−1	0	1	2	6
y						

Es gibt eine waagerechte Asymptote mit der Gleichung ______ .

3 Löse die Bruchgleichung.

$\frac{3}{x-1} = \frac{2}{x-2}$ $\quad | \cdot$ ______ (Hauptnenner)

______

______

______

______

______

______

Probe: linke Seite: ______ ; rechte Seite: ______

x = ______ ist also eine Lösung der Gleichung.

4 Konstruiere ein Dreieck mit $\alpha = 40°$; $b = 3\,cm$ und $c = 4\,cm$. Konstruiere daneben ein dazu ähnliches Dreieck mit $c' = 3\,cm$.

Der Streckfaktor beträgt ______ .

5 Bei einer zentrischen Streckung (Streckzentrum Z) wird der Punkt B auf den Punkt B' abgebildet. Zeichne das gestreckte Dreieck und bestimme den Streckfaktor (k = ______), den Flächeninhalt des Originaldreiecks (A = ______ cm²) und den Flächeninhalt des Bilddreiecks (A' = ______ cm²).

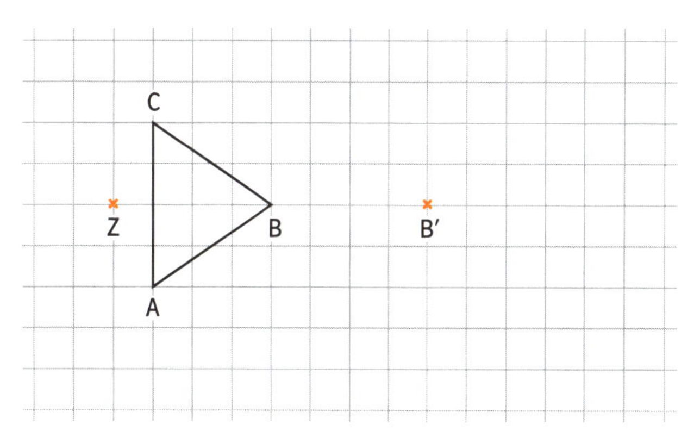

6 Bestimme mithilfe der Strahlensätze die Längen der farbig markierten Stücke. Es gilt $g \parallel h$.

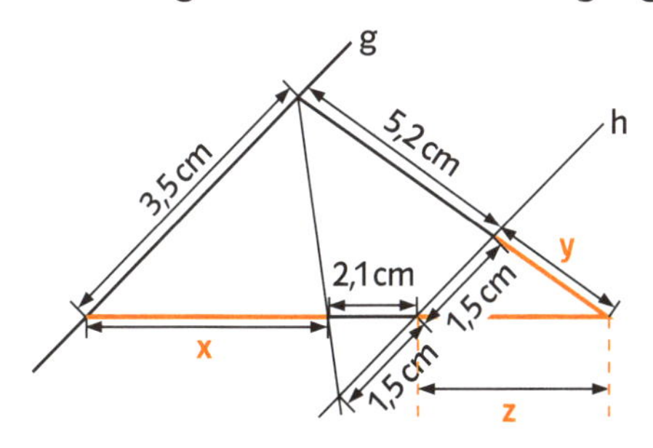

$\frac{x}{2{,}1\,cm} =$ ______ $\qquad x =$ ______ cm

$\frac{y}{y + 5{,}2\,cm} =$ ______ $\qquad y =$ ______ cm

$\frac{z}{z + 2{,}1\,cm + x} =$ ______ $\qquad z =$ ______ cm